陕西省中等职业学校专业骨干教师培训系列教材

电子技术及应用

赵进全　夏建生　冯璐　侯岩岩　编著

刘晔　主审

西安电子科技大学出版社

内 容 简 介

本书是为了配合陕西省电子技术应用专业中职骨干教师的培训工作而编写的,旨在提高教师的基本知识和基本技能。本书以应用为主,在专业核心知识的基础上提高了技能大赛、EDA技术和专业教学法在教材中的比例。

全书共分五部分,主要内容包括模拟电路、模拟电路的设计与制作、数字电路、数字电路的设计与制作、Protel DXP 2004 及其应用。本书内容丰富,以实践、技能培训为目标,理论为实践服务,以项目引导、任务驱动组织教学,注重培养教师解决实际工程问题的能力。

本书可作为中等职业学校骨干教师进修培训教材,也可供中等职业学校教师在教学中参考,还可作为电子技术应用专业技术人员的自学用书。

图书在版编目(CIP)数据

电子技术及应用/赵进全等编著. —西安:西安电子科技大学出版社,2016.3

陕西省中等职业学校专业骨干教师培训系列教材

ISBN 978 - 7 - 5606 - 4006 - 8

Ⅰ. ① 电… Ⅱ. ① 赵… Ⅲ. ① 电子技术—中等专业学校—教材 Ⅳ. ① TN

中国版本图书馆 CIP 数据核字(2016)第 021674 号

策 划	李惠萍
责任编辑	李惠萍 杨瑶
出版发行	西安电子科技大学出版社(西安市太白南路 2 号)
电 话	(029)88242885 88201467 邮 编 710071
网 址	www. xduph. com 电子邮箱 xdupfxb001@163.com
经 销	新华书店
印刷单位	陕西华沐印刷科技有限责任公司
版 次	2016 年 3 月第 1 版 2016 年 3 月第 1 次印刷
开 本	787 毫米×1092 毫米 1/16 印张 13.5
字 数	309 千字
印 数	1~1000 册
定 价	24.00 元

ISBN 978 - 7 - 5606 - 4006 - 8/TN

XDUP 4298001 - 1

序言
XUYAN

　　教育之魂，育人为本；教育质量，教师为本。高素质高水平的教师队伍是学校教育内涵实力的真正体现。自"十一五"起，教育部就将职业院校教师素质提升摆到十分重要的地位，2007年启动《中等职业学校教师素质提高计划》，开始实施中等职业学校专业骨干教师国家级培训；2011年印发了《关于实施职业院校教师素质提高计划的意见》《关于进一步完善职业教育教师培养培训制度的意见》和《关于"十二五"期间加强中等职业学校教师队伍建设的意见》。我省也于2006年率先在西北农林科技大学开展省级中等职业学校专业骨干教师培训，并相继出台了相关政策文件。

　　2013年6月，陕西省教育厅印发了《关于陕西省中等职业教育专业教师培训包项目实施工作的通知》，启动培训研发项目。评议审定了15个专业的研究项目，分别是：西安交通大学的护理教育、电子技术及应用，西北农林科技大学的会计、现代园艺，陕西科技大学的机械加工技术、物流服务与管理，陕西工业职业技术学院的数控加工技术、计算机动漫与游戏制作，西安航空职业技术学院的焊接技术及应用、机电技术及应用，陕西交通职业技术学院的汽车运用与维修、计算机及应用，杨凌职业技术学院的高星级饭店运营与管理、旅游服务与管理，陕西学前师范学院的心理健康教育。承担项目的高校皆为省级以上职教师资培养培训基地，具有多年职教师资培训经验，对培训研发项目高度重视，按照项目要求，积极动员力量，组建精干高效的项目研发团队，皆已顺利完成调研、开题、期中检查、结题验收等研发任务。目前，各项目所取得的研究报告、培训方案、培训教材、培训效果评价体系和辅助电子学习资源等成果大都已经用于实践，并成为我们进一步深化研发工作的宝贵经验和资料。

　　本次出版的"陕西省中等职业学校专业骨干教师培训系列教材"是培训包的研发成果之一，具有以下四大特点：

　　一是专业覆盖广，受关注度高。八大类15个专业都是目前中等职业学校招生的热门专业，既包含战略性新兴产业、先进制造业，也包括现代农业和现代服务业。

　　二是内容新，适用性强。教材内容紧密对接行业产业发展，突出新知识、新技能、新工艺、新方法，包括专业领域新理论、前沿技术和关键技能，具有很强的先进性和适用性。

　　三是重实操，实用性强。教材遵循理实并重的原则，对接岗位要求，突出技术技能实践能力培养，体现项目任务导向化、实践过程仿真化、工作流程明晰化、动手操作方便化的特点。

四是体例新，凸显职业教育特点。教材采用标准印制纸张和规范化排版，体例上图文并茂、相得益彰，内容编排采用理实结合、行动导向法、工作项目制等现代职业教育理念，思路清晰，条块相融。

当前，职业教育已经进入了由规模增量向内涵质量转化的关键时期，现代职业教育体系建设，大众创业、万众创新，以及互联网＋、中国制造2025等新的时代要求，对职业教育提出了新的任务和挑战。着力培养一支能够支撑和胜任职业教育发展所需的高素质、专业化、现代化的教师队伍已经迫在眉睫。本套教材是由从事职业教育教学工作多年的广大一线教师在实践中不断探索、总结编制而成的，它既是智慧的结晶，也是教学改革的成果。这套教材将作为我省相关专业骨干教师培训的指定用书，也可供职业技术院校师生和技术人员使用。

教材的编写和出版在省教育厅职业教育与成人教育处和省中等职业学校师资队伍建设项目管理办公室精心组织安排下开展，得到省教育厅领导、项目承担院校领导、相关院校继续教育学院（中心）及西安电子科技大学出版社等单位及个人的大力支持，在此我们表示诚挚的感谢！希望读者在使用过程中提出宝贵意见，以便进一步完善。

陕西省中等职业学校专业骨干教师培训系列教材

编写委员会

2015 年 11 月 22 日

陕西省中等职业学校专业骨干教师培训系列教材

编审委员会名单

主　　任：王建利

副主任：崔　岩　　韩忠诚

委　　员：（按姓氏笔划排序）

王奂新　　王晓地　　王　雄　　田争运　　付仲锋　　刘正安

李永刚　　李吟龙　　李春娥　　杨卫军　　苗树胜　　韩　伟

陕西省中等职业学校专业骨干教师培训系列教材

专家委员会名单

主　　任：王晓江

副主任：韩江水　　姚聪莉

委　　员：（按姓氏笔划排序）

丁春莉　　王宏军　　文怀兴　　冯变玲　　朱金卫　　刘彬让

刘德敏　　杨生斌　　钱拴提

前言

QIANYAN

为了贯彻落实《国务院关于大力发展职业教育的决定》，教育部全面启动、实施了"中等职业学校教师素质提高计划"。通过对中等职业学校教师培训，以提高职业学校专业教师的教学能力。

中等职业学校《电子技术应用专业教师教学能力标准》要求，专业教师要具备"电子电路设计、制作的能力"。根据这一要求，本书选择了模拟电路、数字电路、Protel DXP 2004，实现对模拟电路、数字电路、PCB设计等专业核心知识、技能的培训与综合应用，提高受训教师的综合应用能力。

本书是陕西省教育厅"中等职业学校教师素质提高计划"中"电子技术应用专业职教师资培训包开发项目（ZZPXB02）"的成果之一，可作为中等职业学校骨干教师进修培训的教材，也可供中等职业学校教师在教学中参考。

本书突出了以下几个主要特点：

（1）注重知识和技能的综合提高。将知识和技能作为主要的教学目标，知识为技能服务，以提高技能为目的。

（2）加强了技能训练。通过学员自行设计电路、选择元器件、实现电路调试与测试等过程，提高学员的实践能力。

（3）加强了综合性训练。以项目引导、任务驱动、典型应用为对象，将理论知识、电路设计、软硬件设计、电路仿真与电路搭建、电路调试与测试等多种教学内容和形式融为一体，完成电子技术应用的综合训练。

（4）加强了技能大赛的培训。加强了技能大赛的必考科目——模拟电路、数字电路及Protel的实践与应用。

本书第1、2、4章由西安交通大学的赵进全编写，第3章由西安交通大学的夏建生编写，第5章由陕西省电子信息学校的冯璐编写，研究生侯岩岩也做了大量的文字工作，全书由赵进全统稿。

西安交通大学的苗树胜、张宏图，陕西科技大学的刘正安等对本书的编写提出了宝贵的意见，在此表示感谢。在编写本书过程中，得到了许多专家的支持和帮助，在此谨致谢意。

　　由于编者水平有限，书中的不妥之处恳请读者批评指正。

编　者

2015 年 10 月

目录
MULU

第1章　模拟电路

1.1　半导体二极管及其应用

教学目标

(1) 了解半导体二极管的外特性及主要性能参数；

(2) 了解半导体二极管的主要应用；

(3) 熟悉二极管电路的分析方法。

教学建议

以讲授、自学、课堂讨论等多种方法组织教学。

1.1.1　半导体二极管

1. 半导体二极管的结构和类型

二极管按使用的半导体材料不同分为硅管和锗管；按结构形式不同，常用的有点接触型和平面型。

锗点接触型半导体二极管的结构如图 1.1.1(a)所示，适用于高频、小电流的电路，如小电流的整流电路和高频检波。硅平面型二极管的结构如图 1.1.1(b)所示，适用于低频、大电流的电路，如大电流的整流电路。图 1.1.1(c)、(d)为二极管的符号和外形。

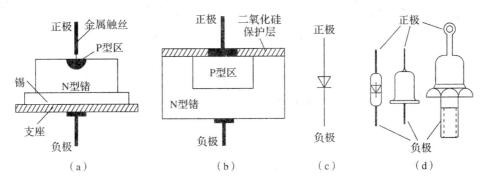

图 1.1.1　半导体二极管的结构、符号和外形

(a) 点接触型；(b) 平面型；(c) 符号；(d) 外形

2. 半导体二极管的伏安特性

半导体二极管两端电压 u_D 与流过的电流 i_D 之间的关系称为伏安特性。图 1.1.2(a)和(b)分别表示半导体二极管 2AP7(锗管)和 2CP33B(硅管)的伏安特性曲线。从伏安特性曲线可见：半导体二极管具有非线性的伏安特性；硅管和锗管的伏安特性有一定的差异。

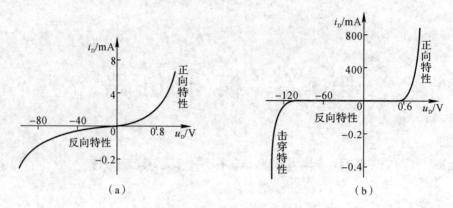

图 1.1.2 半导体二极管的伏安特性曲线

（a）锗二极管（2AP7）的伏安特性曲线；（b）硅二极管（2CP33B）的伏安特性曲线

1）正向特性

（1）整个正向特性曲线近似地呈现为指数曲线。二极管的伏安特性可以近似表述为

$$i_D = I_S(e^{u_D/U_T} - 1) \qquad (1.1.1)$$

式中，I_S 为反向饱和电流；U_T 为热电压，也称为温度电压当量，$U_T = kT/q$，其值与 PN 结的绝对温度 T 和玻耳兹曼常数 k 成正比，与电子电量 q 成反比，始终为正数。在室温（$T = 300\ \text{K}$）时，$U_T \approx 26\ \text{mV}$。

（2）不论是硅管还是锗管，当正向偏置电压较小时，i_D 近似为零，二极管仍未完全导通，这一电压区域称为死区。死区的电压范围称为死区电压，硅管的死区电压约为 0.5 V；锗管的死区电压约为 0.1 V。当然，二极管工作于死区时，并不是完全没有电流流过，只是流过的电流极小，在工程计算中往往可以忽略。

（3）u_D 大于死区电压后，$u_D \gg U_T$，则有 $e^{u_D/U_T} \gg 1$，故

$$i_D \approx I_S e^{u_D/U_T} \qquad (1.1.2)$$

式（1.1.2）表明二极管具有近似于指数特征的正向伏安特性。因此，当 $u_D \gg U_T$ 后，曲线上升极快，其上升斜率可近似地用式（1.1.2）经过求导得到

$$\frac{di_D}{du_D} \approx I_S e^{u_D/U_T} \frac{1}{U_T} \approx \frac{i_D}{U_T} \qquad (1.1.3)$$

di_D/du_D 的倒数称为二极管的动态电阻或交流电阻，记作 r_d，故

$$\frac{1}{r_d} = \frac{di_D}{du_D} \approx \frac{i_D}{U_T} \qquad (1.1.4)$$

2）反向特性

（1）当二极管反向偏置时，在室温下的反向电流很小。

（2）当反向电压超过一定范围以后，反向电流急剧增大，二极管发生反向击穿。

3. 温度对半导体二极管特性的影响

当温度上升时，二极管的死区缩小，死区电压和正向电压降将降低。在同样电流下，温度每升高 1 ℃，二极管的正向电压降将降低 2～2.5 mV。

一般来讲，当温度每升高 10 ℃ 左右时，反向饱和电流将翻一番。

4. 半导体二极管的主要电参数

（1）额定整流电流 I_F。I_F 是二极管工作于半波整流电路中，长期运行所允许通过的电流平均值。

（2）反向击穿电压 $U_{(BR)}$。它是二极管能承受的最高反向电压，超过后将导致二极管击穿。

（3）最高允许反向工作电压 U_R。为了确保二极管安全工作，一般将二分之一左右的 $U_{(BR)}$ 值定义为 U_R。当二极管长期工作时，其实际承受的最高反向工作电压不应超过此值。

（4）反向电流 I_R。指室温下加上规定的反向电压测得的电流。

（5）正向电压降 U_F。指二极管工作于半波整流电路，当流过额定整流电流时，在二极管正向导通期间测得的二极管电压降平均值。

（6）最高工作频率 f_M。当工作频率过高时，二极管的单向导电性明显变差，此参数也称为截止频率。

1.1.2　半导体二极管的应用

1. 在整流电路中的应用

利用半导体二极管的单向导电特性，可以将交流电变成直流电，完成整流作用。完成整流功能的电路称为整流电路。以电路形式区分，整流电路有半波整流电路、全波整流电路及桥式整流电路等，其中桥式整流电路在小型电子设备中使用较为广泛。

图 1.1.3(a) 是一个典型的桥式整流电路。交流电源电压 u_1 经变压器变压，并使整流电路及所接负载 R_L 与交流电网"隔离"，其输出电压为 u_2，它仍是一个交流工频电压。图 1.1.3(b) 是桥式整流电路的工作波形。当 u_2 为正半周时，VD_2、VD_4 反向截止，VD_1、VD_3 正向偏置导通，$i_O = i_{D1} = i_{D3}$，电流从"上"至"下"流过 R_L；当 u_2 为负半周时，VD_1、VD_3 反向截止，VD_2、VD_4 正向偏置导通，$i_O = i_{D2} = i_{D4}$，电流仍从"上"至"下"流过 R_L。因此，经这一电路中 VD_1、VD_3 及 VD_2、VD_4 轮流导通后，流过负载的电流及负载两端的电压为同一方向不变、瞬时值随时间变化而作周期性变化的电流、电压，称为单向脉动电流、单向脉动电压。由于这种电流和电压的方向不变，平均值不等于零，故含有直流分量，但含有较大的交流分量。

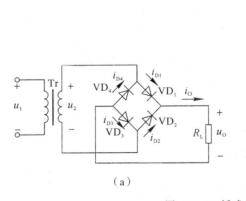

（a）

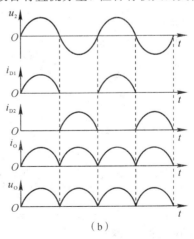

（b）

图 1.1.3　桥式整流电路

（a）电路；（b）工作波形

2. 在检波电路中的应用

在通信广播、电视及测量仪器中，常常用二极管检波。以广播系统为例，为了使频率较低的语音信号能远距离传输，往往用表达语音信号的电压波形去控制频率一定的高频正弦波电压的幅度，称为调制。调制后的高频信号经天线可以发送到远方。这种幅度被调制的调幅波被收音机输入调谐回路"捕获"后，经放大，可由检波电路检出调制的语音信号。图1.1.4为接收这种广播信号的示意图，并画出了由二极管组成的检波电路。

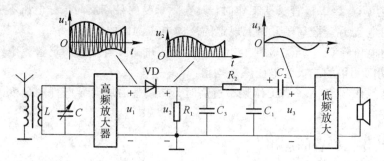

图 1.1.4 二极管在检波电路中的应用及相应的工作波形

3. 限幅电路

在电子电路中，为了降低信号的幅度以满足电路工作的需要；为了保护某些器件不受大的信号电压作用而损坏，往往利用二极管的导通和截止限制信号的幅度，这就是所谓的限幅。图1.1.5(a)是一种简单的限幅电路，它常在集成运算放大器应用电路中接在输入端，限制输入到集成组件输入端的电压 u_i' 的幅度，以防止过高的信号电压 u_i 使 A 损坏。图中的 A 就是集成运算放大器，R_i 为集成运算放大器 A 的输入电阻。当输入信号电压 u_i 的幅值小于二极管的死区电压时，$u_i' = u_i[R_i/(R_i+R)]$。通常，R_i 远大于 R，$u_i' \approx u_i$，信号被正常放大。当输入信号电压 u_i 的幅值过大，其瞬时值为正，且大于二极管的死区电压时，VD_2 导通；当 u_i 瞬时值为负，其绝对值又大于二极管的死区电压时，VD_1 导通。二极管 VD_1 或 VD_2 导通后，其两端的电压 u_i' 变化很小，约为 ± 0.7 V。这样一来，当输入信号电压 u_i 的幅值过大时，u_i' 的幅值被限制在一定的范围内，波形如图1.1.5(b)中的实线所示。由于 u_i' 的波形近似为 u_i 削去了瞬时值大于 $+0.7$ V 和小于 -0.7 V 部分后留下的那部分波形，所以也称限幅电路为削波电路。

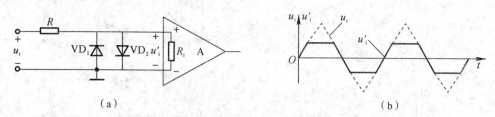

(a)   (b)

图 1.1.5 限幅电路及其工作波形

(a) 限幅电路；(b) 工作波形

1.1.3 硅稳压二极管

硅稳压二极管简称为硅稳压管，其符号和伏安特性曲线如图1.1.6所示。由于这种硅稳压管具有很陡的反向击穿特性,当反向电流在很大的范围内变化时,其两端电压几乎不变,因此常使其工作于反向电击穿状态,用来稳定直流电压。

1. 硅稳压管的主要电参数

(1) 稳定电压 U_z。当流过稳压管的反向电流为规定的测试电流 I_z 时,稳压管两端的电压值称为稳定电压。

(2) 动态电阻 r_z。也称为交流电阻,它等于稳压管两端电压的增量与流过它的电流增量之比,即

$$r_z = \frac{\Delta U_z}{\Delta I_z} \tag{1.1.5}$$

(3) 最大允许工作电流 I_{zmax}。即最大稳压电流。这是一个极限参数,使用时不应超过。

(4) 最大允许功率耗散 P_{zmax}。它也是一个极限参数,其大小近似等于 U_z 与 I_{zmax} 的乘积。

(5) 温度系数 α_U。稳压管的稳定电压与温度有关,这一关系用 α_U 来表征。

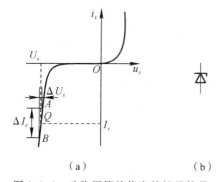
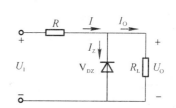

图 1.1.6　硅稳压管的伏安特性及符号　　　　图 1.1.7　硅稳压管组成的稳压电路
(a) 伏安特性;(b) 符号

2. 硅稳压管稳压电路

硅稳压管组成的稳压电路如图 1.1.7 所示。其中 U_I 为未经稳定的输入直流电压,R 为限流电阻,R_L 为负载电阻,U_O 为稳压电路的输出电压。

稳压原理:使 U_O 不稳定的原因主要有两个,一个是 U_I 的变化,另一个是 R_L 的变化。

(1) U_I 不稳定。设 U_I 增加,这将使 U_O 有增加的趋势,但 U_O 增加使稳压管两端反向电压增加,将使流过稳压管的电流剧增,I 增加,R 上电压降增加补偿了 U_I 的增加,使 U_O 几乎不增大,稳定在 U_z 的数值。这一过程可表示如下:

$$U_I \uparrow \rightarrow U_O \uparrow \rightarrow U_z \uparrow \rightarrow I_z \uparrow \rightarrow I \uparrow \rightarrow IR \uparrow$$
$$U_O \downarrow \leftarrow - - - - - - - - - - - \lrcorner$$

(2) R_L 改变。设 R_L 减小,这将使 U_O 有降低的趋势,使 U_z 也随之降低,将使 I_z 大大减小,I 减小,R 上的电压降减小,补偿了 U_O 的下降,使 U_O 几乎不减小,稳定在 U_z 的数值。这一过程可表示如下:

$$R_L \downarrow \rightarrow U_O \downarrow \rightarrow U_z \downarrow \rightarrow I_z \downarrow \rightarrow I \downarrow \rightarrow IR \downarrow$$
$$U_O \uparrow \leftarrow - - - - - - - - - - \lrcorner$$

1.2 半导体三极管及其放大电路

🠖 **教学目标**

(1) 了解三极管的外特性及主要性能参数；
(2) 理解三极管的工作原理；
(3) 了解三极管的主要应用电路；
(4) 熟悉三极管放大电路的分析方法。

🠖 **教学建议**

以讲授、自学、课堂讨论等多种方法组织教学。

1.2.1 半导体三极管

1. 半导体三极管的结构

半导体三极管也称为晶体管。目前最常用的平面型晶体管的结构如图 1.2.1(a)、(b) 所示。三个电极分别为发射极、基极、集电极，各用"E"(或"e")、"B"(或"b")、"C"(或"c") 表示。半导体三极管分为 NPN 型和 PNP 型两种，符号分别如图 1.2.1(c)、(d)所示。常用 的三极管由于使用的半导体材料不同，又分为硅管和锗管两类。

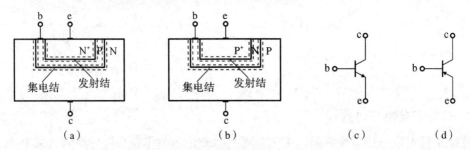

图 1.2.1 半导体三极管的结构示意图及符号
(a)、(c) NPN 型三极管的结构示意图及符号；(b)、(d) PNP 型三极管的结构示意图及符号

2. 半导体三极管共射极接法的伏安特性曲线

三极管的性能可以由其三个电极之间的电压和电流关系来反映，通常称为伏安特性。 我们常用两组曲线簇来表示三极管的特性。其中最常用的是共射极伏安特性，包括输入特 性和输出特性。

1) 共射极输入特性

三极管输入回路基极-发射极间电压 u_{BE} 与基极电流 i_B 之间的伏安特性关系称为共射极 输入特性。由于这一关系也受输出回路电压 u_{CE} 的影响，所以其定义为

$$i_B = f(u_{BE})\big|_{u_{CE}-定} \tag{1.2.1}$$

共射极输入特性常用一簇曲线来表示，称为共射极输入特性曲线，图 1.2.2(a)是硅半 导体三极管的共射极输入特性曲线。锗半导体三极管的共射极输入特性曲线与此形状 相似。

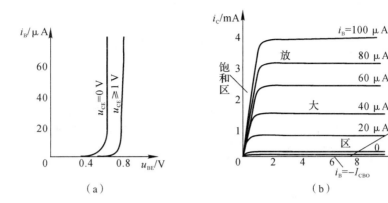

图 1.2.2　晶体管的共射极伏安特性曲线

(a) 输入特性曲线；(b) 输出特性曲线

由图 1.2.2(a) 曲线可见：

(1) 三极管的输入特性曲线是非线性的，也有死区。硅管的死区电压大约为 0.5 V，锗管的死区电压大约为 0.1 V。

(2) 在相同的 u_{BE} 下，当 u_{CE} 从零增大时，i_B 将减小。

(3) 当 u_{CE} 继续增大，使集电结反向偏置后，i_B 受 u_{CE} 的影响减小，各条不同 u_{CE} 值时的输入特性曲线几乎重合在一起，所以当继续增大 u_{CE} 时，对输入特性曲线已经几乎不产生影响。

2）共射极输出特性

以 i_B 为参变量的 i_C 与 u_{CE} 关系称为共射极输出特性，其定义式为

$$i_C = f(u_{CE}) \big|_{i_B - 定} \tag{1.2.2}$$

共射极输出特性曲线如图 1.2.2(b) 所示。由图可见，三极管的输出特性曲线将三极管分为三个工作区，它们是：

(1) 饱和区。指输出特性曲线几乎垂直上升部分与纵轴之间的区域。在此区域内，不同 i_B 值的输出特性曲线几乎重合，i_C 不受 i_B 的控制，只随 u_{CE} 增大而增大。

(2) 截止区。对应于 $i_B = -I_{CBO}$ 的输出特性曲线与横轴之间的区域。在此区域内，i_C 几乎为零，三极管没有放大能力。

(3) 放大区。指饱和区与截止区之间的区域。在此区域内，三极管工作于放大状态，输出特性曲线大致符合 $i_C = \beta i_B$ 的关系。

三极管的特性曲线可用晶体管特性图示仪测量，并直接显示在荧光屏上。上面介绍的是硅 NPN 型半导体三极管的特性。硅 PNP 型半导体三极管的特性与硅 NPN 型半导体三极管的相似，但 i_B、u_{BE}、i_C、u_{CE} 的极性均与 NPN 型的相反。硅管与锗管伏安特性曲线的区别主要是：在输入特性曲线中，硅管的死区电压大约为 0.5 V，锗管的死区电压大约为 0.1 V；硅管完全导通时的 u_{BE} 大约为 0.7 V，锗管完全导通时的 u_{BE} 大约为 0.3 V。在输出特性曲线中，锗管的 I_{CEO} 比硅管的大得多，所以锗管的截止区范围比硅管大。

3. 半导体三极管的主要电参数

1）直流参数

(1) 共基极直流电流放大系数 $\bar{\alpha}$。其定义式为

$$\bar{\alpha}=\frac{I_C}{I_E}\bigg|_{I_{CBO}=0}$$

（2）共射极直流电流放大系数 $\bar{\beta}$。其定义式为

$$\bar{\beta}=\frac{I_C}{I_B}\bigg|_{I_{CBO}=0}$$

（3）集电极-基极间反向饱和电流 I_{CBO}。它是指发射极开路时，流过集电极与基极的电流。

（4）集电极-发射极间反向饱和电流 I_{CEO}。它是指基极开路时，流过集电极与发射极的电流。由于这一电流从集电极贯穿基区流至发射极，所以又称为穿透电流。

2）交流参数

（1）共基极交流电流放大系数 α。其定义式为

$$\alpha=\frac{\Delta i_C}{\Delta i_E}$$

（2）共射极交流电流放大系数 β。其定义式为

$$\beta=\frac{\Delta i_C}{\Delta i_B}$$

β 和 α 都是交流参数，生产厂家都是在一定测试条件下给出 β（或 α）值的。在不同的 I_C 下测量所得的 β（或 α）值是不一样的。图 1.2.2(b) 所示的输出特性曲线就说明了这一点，图中每两条相邻特性曲线之间的 Δi_B 相等，但是，两条相邻特性曲线之间的垂直距离不同，这一距离代表了 Δi_C，所以当 i_C 不同时，测得的 β 值也就不同。当 i_C 较小时，β 随 i_C 增加而增大；当 i_C 增大到某一范围时，β 几乎不变；但当 i_C 过大时，β 又随 i_C 继续增加而减小。β 与 i_C 的关系如图 1.2.3 中的曲线所示。

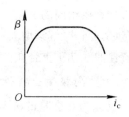

图 1.2.3 β 值与 i_C 的关系曲线示意图

此外，由于制造工艺及原材料性质的离散性，即使是同一型号的三极管，它们的 β 值也会有相当大的差别。通常 β 值在 20～200 的范围内。实际使用中，β 值也不宜过高，否则会使电路的工作状态不稳定，受温度变化的影响增大。一般应选用 β 值在 40～120 之间为宜。

3）极限参数

极限参数是为了使三极管既能够得到充分利用，又可确保其正常工作而规定的参数。主要有：

（1）集电极开路时发射极-基极间反向击穿电压 $U_{(BR)EBO}$。这是发射结所允许的最大反向电压，超过这一参数时，三极管的发射结有可能被击穿，其值一般只有几伏。

（2）发射极开路时集电极-基极间反向击穿电压 $U_{(BR)CBO}$。它决定于集电结的反向击穿电压，其值一般较高在几十伏以上，有的可以高达一千多伏。

（3）基极开路时集电极-发射极间反向击穿电压 $U_{(BR)CEO}$。$U_{(BR)CEO}$ 的值一般总是小于 $U_{(BR)CBO}$。

（4）集电极最大允许耗散功率 P_{CM}。当三极管工作时，集电结既承受较高的电压，又流过较大的电流，所以有较大的功率消耗，导致集电结发热，温度升高。当温度上升到某一温度时，三极管发出的热量与耗散的热量相等，达到热平衡，温度不再上升。当三极管消耗的功率太大，散热条件又较差时，三极管的结温超过了 PN 结的最高允许温度（硅管的最高允

许结温约为 $150\sim200$ ℃，锗管的最高允许结温约为 $75\sim100$ ℃)时，就会破坏三极管的正常工作，甚至烧坏。因此必须通过规定集电结的最大允许耗散功率，以防止结温超过允许值。

（5）集电极最大允许电流 I_{CM}。当 I_C 增大到一定数值后，β 将随 I_C 的增加而明显下降，三极管的放大能力变差。I_{CM} 就是当 β 下降到测试条件规定值时所允许的最大集电极电流。

4．温度对三极管参数的影响

由于半导体的导电性能与温度有关，所以温度对半导体三极管的下列参数有较大影响。

（1）对 β 的影响。三极管的 β 值随温度升高而增大，其温度系数为温度每增加 1 ℃，β 大约增加 $(0.5\sim1)\%$。

（2）对 I_{CBO} 的影响。温度每增加 10 ℃，硅管和锗管的 I_{CBO} 大约增加一倍。

（3）对 U_{BE} 的影响。当三极管工作于放大区时，硅管的 $|U_{BE}|$ 约为 0.7 V，锗管的 $|U_{BE}|$ 约为 0.3 V。当温度上升时，$|U_{BE}|$ 将减小，其温度系数为 $-(2\sim2.5)$ mV/℃，即不论是硅管还是锗管，温度每升高 1 ℃，$|U_{BE}|$ 大约下降 2～2.5 mV。

1.2.2　共射极放大电路的组成和工作原理

最基本的共射极放大电路，亦称为固定偏置共射极放大器，如图 1.2.4 所示。

在图 1.2.4 中，集电极电源 V_{CC} 一方面经基极偏置电阻 R_B，使三极管的发射结正偏，基极与发射极之间有正向的直流偏置电压 U_{BE}，基极有电流的直流分量 I_B；另一方面，V_{CC} 又经集电极电阻 R_C 使三极管的集电结反偏。由于三极管工作于放大区，使集电极电流 $I_C=\bar{\beta}I_B$（忽略了 I_{CEO}），集电极与发射极之间的电压为 $U_{CE}=V_{CC}-I_CR_C$。当 u_i 经 C_1 输入后，基极与发射极之间的电压降为直流分量与交流分量之和，即

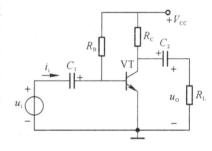

图 1.2.4　放大电路的组成

$$u_{BE}=U_{BE}+u_i \tag{1.2.3}$$

在这一电压作用下，基极电流也是既有直流分量又有交流分量，总的瞬时值为

$$i_B=I_B+i_b \tag{1.2.4}$$

而集电极电流和集电极与发射极之间的电压瞬时值分别为

$$i_C=I_C+i_c \tag{1.2.5}$$

$$u_{CE}=U_{CE}+u_{ce} \tag{1.2.6}$$

其中 $i_c=\beta i_b$。电路的输出电压 u_o 就是 u_{ce} 的交流分量，它是从三极管集电极经电容器 C_2 隔直后得到的，当负载电阻 $R_L=\infty$ 时，输出电压为

$$u_o=u_{ce}=-i_cR_C \tag{1.2.7}$$

只要电路参数选择合适，又因有晶体管的电流放大作用，总可以使 $|U_o|>|U_i|$，实现电压放大，这就是放大的原理。

1.2.3　放大电路的静态分析

当放大电路的输入为零（$U_i=0$、$I_i=0$）时，电路中晶体管各个电极的电流及电极之间的电压均只含有恒定的直流分量，其瞬时值不变，这时的工作状态称为静态。这时三极管

的基极电流、集电极电流及集电极与发射极之间的电压分别记作 I_{BQ}、I_{CQ}、U_{CEQ}，它们的数值称为静态工作点(也称为 Q 点)值。静态分析就是要求出静态工作点值。由于电容器对直流电路如同开路，所以可以画出将各个电容器开路后放大电路的等效电路，即直流通路，用来分析放大电路的静态工作点。以如图 1.2.4 所示的放大电路为例，其直流通路如图 1.2.5 所示。由于晶体管是一种非线性器件，所以常用图解法或估算法(也称为近似计算法)分析静态工作点。

用图解法求解静态工作点必须测量并准确画出三极管的输入和输出特性曲线，比较麻烦。考虑到半导体三极管的发射极正向偏置并使三极管有一定 i_B 时，基极与发射极之间正向电压降的离散性较小，硅管的 $|u_{BE}|$ 约为 0.7 V，锗管的 $|u_{BE}|$ 约为 0.3 V。又考虑到 $|V_{CC}|$ 一般总是远大于 $|u_{BE}|$，三极管的 i_B 也不会太大，否则会使三极管烧坏，因此 R_B 阻值较大，输入回路直流负载线的斜率值较小。这样一来，三极管输入特性的离散性对 I_{BQ} 的影响较小，一般在工程计算允许的误差范围内。由图 1.2.5 知

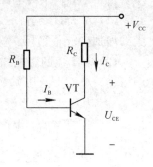

图 1.2.5　直流通路

$$I_{BQ} = \frac{V_{CC} - U_{BEQ}}{R_B} \qquad (1.2.8)$$

式中，U_{BEQ} 的绝对值凡硅管可取为 0.7 V，凡锗管可取为 0.3 V，代入上式即可求得 I_{BQ} 值。再由 I_C 和 I_B 的关系，可得

$$I_{CQ} = \bar{\beta} I_{BQ} \qquad (1.2.9)$$

其中 $\bar{\beta}$ 可以通过专用的仪器或仪表测得。再将 I_{CQ} 值代入式(1.2.10)，即可求得 U_{CEQ} 值：

$$U_{CEQ} = V_{CC} - I_{CQ} R_C \qquad (1.2.10)$$

估算法非常简单，放大电路的 Q 点计算一般都用这种方法。

1.2.4　放大电路的动态分析

当放大电路的输入端有信号输入，即 $U_i \neq 0$ 时，晶体管各个电极的电流及电极之间的电压将在静态值的基础上，叠加有交流分量，放大电路处于动态工作状态。放大电路的动态分析是在已经进行过的静态分析的基础上，对放大电路有关电流、电压的交流分量之间关系再作分析。常用的分析方法有图解法和微变等效电路法。

1. 晶体管的 H 参数微变等效电路

晶体管虽然具有非线性的伏安特性，但当它工作于小信号时，工作点只在 Q 点附近的一个很小范围内移动，即 u_{BE}、i_B、i_C、u_{CE} 在 U_{BEQ}、I_{BQ}、I_{CQ}、U_{CEQ} 的基础上作变化，其变化量(即交流分量)很小，在这一小范围里，可以近似地认为晶体管的伏安特性是线性的。也就是说，当晶体管的输入信号很小时，在其工作点移动的范围内，i_B 与 u_{BE} 之间具有线性关系，β 值也恒定。因此，总可以找出一个线性的二端口网络来等效非线性的晶体管。

在放大电路分析中，常用如图 1.2.6 所示简化的 H 参数微变等效电路来等效晶体管。图中：

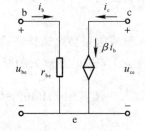

图 1.2.6　晶体管微变等效电路

$$r_{be} = r_{bb'} + (1+\beta)\frac{U_T}{|I_{EQ}|} \tag{1.2.11}$$

式中，$r_{bb'}$ 为晶体管的基区体电阻，低频小功率管的 $r_{bb'}$ 值仍为几百欧姆，高频管及大功率的 $r_{bb'}$ 值仍为几十欧姆，有的只有几欧姆。在估算中，一般可取 $r_{bb'}$ 值为 300 Ω；U_T 为温度电压当量，室温下一般取 26 mV；$U_T/|I_{EQ}|$ 为发射结电阻。

2. 放大电路的微变等效电路

作动态分析，关注的重点在于输入信号作用下产生的电流、电压交流分量之间的关系。所以在分析如图 1.2.4 所示的放大电路动态时，可将大电容量的电容器 C_1、C_2 及电压恒定的直流电源 V_{CC} 看做对交流信号为短路，画出交流等效电路，即交流通路。当输入信号为小信号时，用晶体管简化的 H 参数微变等效电路代替交流通路中的晶体管，所得的电路如图 1.2.7 所示，称为放大电路的微变等效电路，是一个线性电路。由该电路可以求得电压放大倍数 A_u、输入电阻 R_i 的计算公式：

$$A_u = \frac{U_o}{U_i} = \frac{-\beta I_b \cdot (R_C // R_L)}{I_b r_{be}} = -\frac{\beta R_L'}{r_{be}} \tag{1.2.12}$$

式中，$R_L' = R_C // R_L$，"$-$"表示 u_o 和 u_i 的相位相反。

$$R_i = \frac{U_i}{I_i} = \frac{U_i}{\dfrac{U_i}{R_B} + \dfrac{U_i}{r_{be}}} \tag{1.2.13}$$

由于在一般情况下，$R_B \gg r_{be}$，故

$$R_i \approx r_{be} \tag{1.2.14}$$

再根据输出电阻 R_o 的求解方法，可以画出求 R_o 的等效电路，如图 1.2.8 所示。由该图可见，当信号源没有内阻时，可令 $U_i = 0$。这时 $I_b = 0$，$\beta I_b = 0$，故

$$R_o = \left.\frac{U}{I}\right|_{\substack{U_i=0 \\ R_L=\infty}} = R_C \tag{1.2.15}$$

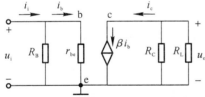
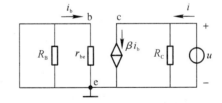

图 1.2.7　放大电路的微变等效电路　　　图 1.2.8　求 R_o 的等效电路

1.2.5　静态工作点的选择和稳定

1. 静态工作点的选择

静态工作点的选择是否合理，既涉及到晶体管能否安全地工作，又影响放大电路的动态性能。选择合适的静态工作点归纳起来有以下几点原则：

（1）在放大电路中工作的晶体管，静态工作点应该在安全区中的放大区。所谓安全区就是静态工作点值应不超过管子的极限参数，即不能进入击穿区、过功耗区，也不能进入过流（I_{CQ} 超过 I_{CM}）区。

（2）从动态范围角度考虑，当要求放大电路有大的动态范围时，工作点应该设置在交流负载线的中间部位。

（3）从放大倍数考虑，由于 $|A_u| = \dfrac{\beta R_L{}'}{r_{be}}$，而 $r_{be} = r_{bb'} + (1+\beta) \cdot \dfrac{U_T}{|I_{EQ}|}$，所以 Q 点设置在 $|I_{CQ}|$ 较大的位置，且使 I_{CQ} 值又在 $d\beta/di_C$ 几乎为零的区间。这样 $|I_{CQ}|$ 的增大，使 r_{be} 减小，而 $|A_u|$ 提高。

（4）Q 点也影响放大电路的输入电阻 R_i。$|I_{CQ}|$ 增大，虽然使 $|A_u|$ 提高，但由于 $R_i = R_B /\!/ r_{be}$，所以使 R_i 反而减小。反之，为了增大 R_i，往往应选择较小的 $|I_{CQ}|$，而这样一来会使 $|A_u|$ 下降。这说明提高 $|A_u|$ 与增大 R_i 之间有矛盾，不能兼而得之。

（5）当被放大的信号较小时，在满足放大能力的同时，应尽可能使 $|I_{CQ}|$ 的值小一点，即 Q 点低一点。这样可以使三极管的功耗减小，也可以降低三极管在工作时产生的噪声。

2. 静态工作点的稳定

1）引起 Q 点不稳定的原因

Q 点既然直接影响着放大电路的性能，那么 Q 点不稳定的放大电路，其性能也不稳定，所以必须研究是哪些因素使 Q 点不稳定，进而研究如何稳定 Q 点。

（1）影响 Q 点不稳定的因素主要是晶体管本身。当温度变化时，晶体管的 $\bar{\beta}$、I_{CBO}、U_{BE} 均有改变，使 Q 点不稳定。

（2）晶体管长期使用后，参数也会有变化，称为“老化”，也影响 Q 点。但这一过程十分缓慢，不是影响 Q 点的主要因素。另外，放大电路中别的元件参数也会受温度影响，也有老化现象，对 Q 点也产生影响，但一般没有晶体管参数因温度变化对 Q 点的影响那么严重。

2）稳定静态工作点的途径

由于 Q 点对动态性能有影响，所以要设法稳定 Q 点。稳定 Q 点的主要途径有：

（1）从元件入手。主要有两条途径，一是选择温度性能好的元件；二是经过一定的工艺处理来稳定元件的参数，防止元件老化。

（2）从环境入手。可以采取恒温措施，将晶体管及其他参数对温度敏感的元件置于恒温槽内，保持温度恒定，使元器件的参数不变。

（3）从电路入手。可以采用负反馈技术或补偿技术。所谓补偿技术，就是将热敏元件接入电路中，用来校正工作点的不稳定。补偿的效果与选用的热敏元件的温度特性有关，所以要提高补偿的效果，往往需要精心挑选热敏元件，非常麻烦。

3. 负反馈在静态工作点稳定中的应用

图 1.2.9 是一种常用的利用负反馈技术稳定静态工作点的共射极放大电路。与固定偏置共射极放大电路相比，该电路中增加了发射极电阻 R_E、发射极旁路电容 C_E，同时基极有两个偏置电阻 R_{B1} 和 R_{B2}。R_{B1} 和 R_{B2} 的阻值选择，一般应满足 $I \gg I_{BQ}$、$U_{BQ} \geqslant U_{BEQ}$。

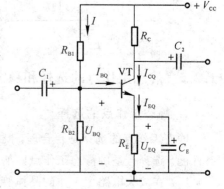

图 1.2.9 用电流串联负反馈稳定静态
工作点的共射极放大电路

当环境温度上升时，I_{CQ}、I_{EQ} 都将增大，使 R_E 上的电压降 $U_{EQ}(=I_{EQ}R_E)$ 增大。由于 $I \gg I_{BQ}$，故

$$U_{BQ} \approx \frac{R_{B2}}{R_{B1}+R_{B2}} \cdot V_{CC}$$

这样就使 $U_{BEQ}(=U_{BQ}-U_{EQ})$ 随 U_{EQ} 增大而减小，I_{BQ} 也随之减小，从而抑制了 I_{CQ} 因温度升高引起的增加，使 Q 点稳定。这一过程也可以用下面的图示描述：

$$\begin{array}{c} \bar{\beta} \uparrow \\ T \uparrow \to I_{CBO} \uparrow \to I_{CQ} \uparrow \to I_{EQ} \uparrow \to U_{EQ}(=I_{EQ}R_E) \uparrow \to U_{BEQ} \downarrow \to I_{BQ} \downarrow \\ u_{BE} \downarrow \quad \downarrow \end{array}$$

其中，U_{BQ} 基本恒定。

这种方法是利用输出回路的电流在 R_E 上的电压降变化，返送到输入回路，产生抑制输出电流改变的作用，使输出电流基本不变，称为电流负反馈。

电路中的电容 C_E，一般采用电容量较大的电解电容器，对于输入的交流信号满足 $R_E \gg 1/(\omega C_E)$ 的要求，从而使发射极电流中的交流分量经 C_E 旁路到"地"。因此 C_E 被称为发射极旁路电容。C_E 的旁路作用使 R_E 上只产生直流电压降，而交流电压降几乎为零，所以上述负反馈作用只对直流分量起作用，而对交流分量没有负反馈作用。这种反馈属于直流反馈，只影响放大电路的静态，而不直接影响放大电路的动态性能指标。

1.2.6 共集电极和共基极放大电路

1. 共集电极放大电路

共集电极放大电路是另一种基本放大电路，这种放大电路把输入信号接在基极与公共端"地"之间，又从发射极与"地"之间输出信号，所以也称为射极输出器。图 1.2.10(a)是共集电极放大电路的典型电路。

1）静态分析

画出该共集电极放大电路的直流通路，如图 1.2.10(b)所示，由图进行近似估算

$$U_{BQ} \approx \frac{R_{B2}}{R_{B1}+R_{B2}} \cdot V_{CC} \tag{1.2.16}$$

$$I_{EQ} = \frac{U_{BQ}-U_{BEQ}}{R_E} \tag{1.2.17}$$

$$U_{CEQ} = V_{CC} - I_{EQ}R_E \tag{1.2.18}$$

或者将如图 1.2.10(b)所示直流通路中的基极偏置电路，用戴维南定理等效成如图 1.2.10(c)所示的直流通路。则可由以下各式计算 Q 点值为

$$V_{BB} = \frac{R_{B2}}{R_{B1}+R_{B2}} \cdot V_{CC} \tag{1.2.19}$$

$$R_B = R_{B1} /\!/ R_{B2} \tag{1.2.20}$$

$$I_{BQ} = \frac{V_{BB}-U_{BEQ}}{R_B+(1+\bar{\beta})R_E} \tag{1.2.21}$$

$$I_{CQ} = \bar{\beta}I_{BQ} \tag{1.2.22}$$

$$U_{CEQ} = V_{CC} - I_{EQ}R_E \approx V_{CC} - I_{CQ}R_E \tag{1.2.23}$$

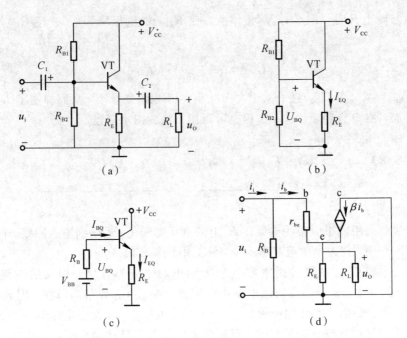

图 1.2.10　共集电极放大电路

(a)电路图；(b) 直流通路；(c) 经等效后的直流通路；(d) 微变等效电路

2）动态分析

画微变等效电路如图 1.2.10(d)所示。由图可得

（1）电压放大倍数为

$$A_u = \frac{U_o}{U_i} = \frac{(1+\beta)I_b(R_E /\!/ R_L)}{I_b r_{be} + (1+\beta)I_b(R_E /\!/ R_L)} = \frac{(1+\beta)R'_L}{r_{be} + (1+\beta)R'_L} \tag{1.2.24}$$

式中，$R'_L = R_E /\!/ R_L$。由于通常的$(1+\beta)R'_L \gg r_{be}$，故

$$A_u = \frac{U_o}{U_i} = \frac{(1+\beta)R'_L}{r_{be} + (1+\beta)R'_L} \approx 1 \tag{1.2.25}$$

由式(1.2.25)可见，射极输出器的电压放大倍数小于 1，但接近于 1，且 u_o 与 u_i 同相。也就是说 u_o 与 u_i 的幅度和相位几乎完全相同，故又称这种电路为射极跟随器。

（2）输入电阻为

$$R_i = R_B /\!/ R'_i = R_{B1} /\!/ R_{B2} /\!/ [r_{be} + (1+\beta)R'_L] \tag{1.2.26}$$

（3）为求输出电阻 R_o，可画得如图 1.2.11 所示的等效电路。由图可知

$$R_o = \frac{U}{I} = \frac{1}{\dfrac{1}{R_E} + \dfrac{1}{\dfrac{r_{be}}{1+\beta}}} = R_E /\!/ \frac{r_{be}}{1+\beta} \tag{1.2.27}$$

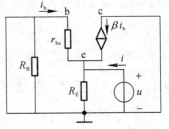

图 1.2.11　求 R_o 的等效电路

通过以上分析，可总结射极输出器的特点如下：

（1）电压放大倍数小于 1，但接近于 1，无电压放大能力；

（2）u_o 与 u_i 同相；

（3）具有电流放大能力和功率放大能力；

（4）具有高的输入电阻和低的输出电阻，因此可以用作阻抗变换。在两级放大电路之间或者在高内阻信号源与低阻抗负载之间起缓冲作用，在多级放大电路中作输入级和输出级。

2. 共基极放大电路

共基极放大电路也是三种基本放大电路的一种，图 1.2.12(a) 是这种接法的典型电路，图 1.2.12（b）、(c) 是其直流通路和微变等效电路。

由图 1.2.12(c) 可得

$$A_u = \frac{U_o}{U_i} = \frac{\beta R_L'}{r_{be}} \tag{1.2.28}$$

$$R_i = \frac{U_i}{I_i} = \frac{U_i}{\dfrac{U_i}{R_E} + \dfrac{U_i}{\dfrac{r_{be}}{1+\beta}}} = R_E \ // \ \frac{r_{be}}{1+\beta} \tag{1.2.29}$$

$$R_o = \frac{U}{I} \bigg|_{\substack{U_i = 0 \\ R_L = \infty}} = R_C \tag{1.2.30}$$

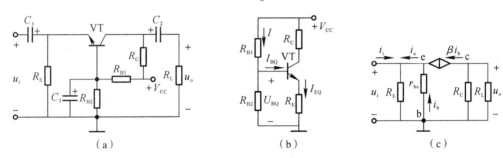

（a）　　　　　　　　　　（b）　　　　　　　　　（c）

图 1.2.12　共基极放大电路

（a）电路图；（b）直流通路；（c）微变等效电路

综上分析，可总结出共基极放大电路具有下述特点：

（1）有电压放大能力；

（2）u_o 与 u_i 同相；

（3）没有电流放大能力；

（4）输入电阻小，输出电阻大，在低频放大电路中共基极放大电路很少被选用。

1.2.7　多级放大电路

由于共射极、共集电极、共基极三种基本放大电路的电压放大倍数、电流放大倍数不是十分大，很难满足放大微弱信号的需要；同时也由于三种基本放大电路的性能各有不同特点，一种基本放大电路往往不能同时满足实际应用对放大电路性能的要求。因此在大多数电子设备中的放大电路往往要由多个基本放大电路级联组成，才能满足放大要求。这种放大电路称为多级放大电路。

1. 多级放大电路的组成

多级放大电路由 $n(\geqslant 2)$ 级基本放大电路级联组成，方框图如图 1.2.13 所示，它由输入级、中间放大级和输出级等组成。

多级放大电路的输入级直接与输入的信号源相连，一般要求输入级有高的输入电阻，输入级的噪声和漂移（对直接耦合放大电路有这一要求）应尽可能小；输出级用来驱动负载，要求输出级能够为负载提供足够大的输出功率 P_o。这包括能够输出足够大的输出电压 U_o 和足够大的输出电流 I_o，故这一级的输出电阻一般总应该小一些；中间放大级的主要任务是放大信号的幅度，应该有足够大的电压放大倍数 A_u，同时也能够有足够大的电流输出，去驱动输出级。实际的多级放大电路除了这三部分电路之外，还有其他一些辅助的电路。

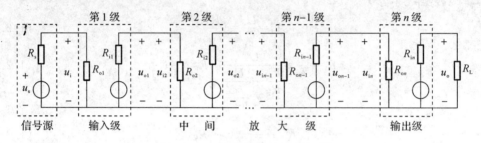

图 1.2.13　多级放大电路的组成

2. 多级放大电路的计算

图 1.2.13 所示的多级放大电路由 n 级放大电路组成，R_{i1}、R_{i2}······R_{in} 为各级放大电路的输入电阻，R_{o1}、R_{o2}······R_{on} 为各级放大的电路的输出电阻，u_{o1}、u_{o2}······u_{on} 为各级放大电路的输出电压，u_{i1}、u_{i2}······u_{in} 为各级放大电路的输入电压。由图可求得多级放大电路的动态性能指标。

（1）电压放大倍数为

$$A_u = \frac{U_o}{U_i} = \frac{U_{o1}}{U_i} \cdot \frac{U_{o2}}{U_{o1}} \cdot \frac{U_{o3}}{U_{o2}} \cdots \frac{U_{on}}{U_{o(n-1)}}$$

$$= \frac{U_{o1}}{U_{i1}} \cdot \frac{U_{o2}}{U_{i2}} \cdot \frac{U_{o3}}{U_{i3}} \cdots \frac{U_{on}}{U_{in}}$$

$$= A_{u1} \cdot A_{u2} \cdot A_{u3} \cdots A_{un} \tag{1.2.31}$$

或

$$A_u(\text{dB}) = 20\lg|A_{u1}| + 20\lg|A_{u2}| + 20\lg|A_{u3}| + \cdots + 20\lg|A_{un}| \tag{1.2.32}$$

式(1.2.31)说明多级放大电路的电压放大倍数，等于组成它的各级放大电路的电压放大倍数的乘积；式(1.2.32)说明多级放大电路的电压增益，等于组成它的各级放大电路的电压增益之和。

（2）输入电阻为

$$R_i = \frac{U_i}{I_i} = \frac{U_{i1}}{I_{i1}} = R_{i1} \tag{1.2.33}$$

即多级放大电路的输入电阻等于第 1 级放大电路的输入电阻。

（3）输出电阻为

$$R_o = \frac{U}{I} \bigg|_{\substack{U_s=0 \\ R_L=\infty}} = R_{on} \tag{1.2.34}$$

即多级放大电路的输出电阻等于输出级的输出电阻。

1.3 场效应晶体管及其放大电路

⊙ **教学目标**

(1) 了解场效应管的外特性及主要性能参数；

(2) 理解场效应管的工作原理及主要应用；

(3) 熟悉场效应管电路的组成及分析方法。

⊙ **教学建议**

以讲授、自学、课堂讨论等多种方法组织教学。

晶体管，也就是半导体三极管，在工作过程中，晶体管内部的多数载流子和少数载流子都起着导电的作用。本节介绍的场效应管(FET)也属晶体管的一种，但是在工作过程中起主要导电作用的是多数载流子。据此可把晶体管分为两类：一类就是晶体管，称为双极型晶体管(简称为 BJT)；另一类就是场效应晶体管，称为单极型晶体管。

场效应晶体管又分为两大类：结型场效应管(JFET)和绝缘栅型场效应管(IGFET)。

1.3.1 绝缘栅型场效应管

在绝缘栅型场效应管中，目前常用二氧化硅作金属铝(Al)栅极和半导体之间的绝缘层，称为金属-氧化物-半导体场效应晶体管，简称为 MOSFET 或 MOS 管。MOS 管有 N 沟道和 P 沟道两大类，每一类又有增强型和耗尽型两种。所谓增强型是 $u_{GS}=0$ 时，漏极与源极之间没有导电沟道，即使在漏极与源极之间加有电压，也没有漏极电流；而耗尽型是 $u_{GS}=0$ 时，漏极与源极之间已经有了导电沟道的 MOS 管。MOS 管的电路符号如图 1.3.1 所示。

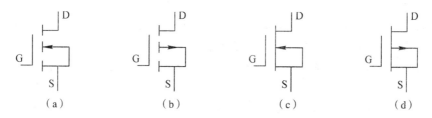

(a) 　　　　　 (b) 　　　　　 (c) 　　　　　 (d)

图 1.3.1　MOS 管的电路符号

(a) N 沟道增强型 MOS 管；(b) P 沟道增强型 MOS 管；

(c) N 沟道耗尽型 MOS 管；(d) P 沟道耗尽型 MOS 管

1. 增强型 MOS 管的伏安特性与参数

图 1.3.2 为 N 沟道增强型 MOS 管的转移特性曲线，当 MOS 管工作于放大区时，这一转移特性曲线的近似函数表达式为

$$i_D = K \left[u_{GS} - U_{GS(th)} \right]^2 \tag{1.3.1}$$

式中，K 为与 MOS 管有关的参数，由 MOS 管的结构决定。注意，式中的 u_{GS} 必须大于 $U_{GS(th)}$，否则 $i_D=0$。

2. 耗尽型 MOS 管的伏安特性与参数

N 沟道耗尽型 MOS 管的转移特性曲线如图 1.3.3 所示。具有这种转移特性曲线的场效应管称为耗尽型 MOS 管。当工作于放大区时，耗尽型 MOS 管的转移特性曲线可以表示为

$$i_D = I_{DSS}\left[1 - \frac{u_{GS}}{U_{GS(off)}}\right]^2 \tag{1.3.2}$$

式中，I_{DSS} 为 MOS 管的零偏漏极电流，$U_{GS(off)}$ 为 MOS 管的夹断电压。

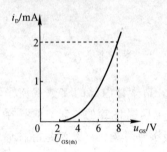 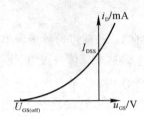

图 1.3.2　N 沟道增强型 MOS 管的
转移特性曲线

图 1.3.3　N 沟道耗尽型 MOS 管的
转移特性曲线

1.3.2　场效应管放大电路

与双极型晶体管相似，场效应管也可接成三种基本放大电路，共源极、共漏极和共栅极放大电路，分别与双极型晶体管的共发射极、共集电极和共基极放大电路相对应。为了使场效应管能线性地放大信号，场效应管应工作于放大区，为此，必须采用适当的偏置方法。

1. 场效应管的偏置及其电路的静态分析

自给偏压和分压式偏置是场效应管在放大电路中常用的两种偏置方法。

1）自给偏压

场效应管自给偏压电路如图 1.3.4(a)所示，它只适用于结型场效应管或耗尽型 MOS 管组成的电路。由于这两种场效应管均为耗尽型场效应管，即使是 $U_{GS}=0$，也有漏极电流 I_D 流过场效应管，所以在该电路中，FET 的源极接入源极电阻 R_S 后，I_{DQ} 流过 R_S 时将产生一个大小等于 $I_{DQ}R_S$ 的电压降。由于电路中 FET 的 $I_{GQ}=0$，R_G 上没有电流，也没有电压降，因此，栅极的直流电位与"地"的电位相等，$U_{GS}=-I_{DQ}R_S$，电路自行产生了一个负的偏置电压 U_{GSQ}，刚好能满足电路中 N 沟道耗尽型场效应管工作于放大区时对 U_{GS} 的要求。

由于增强型 MOS 场效应管在 $U_{GS}=0$ 时，$I_D=0$，只有当栅极与源极之间的电压达到开启电压 $U_{GS(th)}$ 时，才有漏极电流，而漏极电流在 R_S 上产生的电压降极性又刚好与场效应管的 $U_{GS(th)}$ 极性（即"正""负"）相反，故如图 1.3.4(a)所示的偏置方式不适用于增强型 FET 组成的放大电路。

场效应管放大电路的静态分析方法也有图解法和估算法两种。图解法作图过程较为麻烦，很少使用，在此就不进行讨论了。

当 FET 工作于放大区时，耗尽型 FET 的 I_{DQ} 与 U_{GSQ} 的关系满足如下公式：

$$I_{DQ} = I_{DSS}\left(1 - \frac{U_{GSQ}}{U_{GS(off)}}\right)^2 \tag{1.3.3}$$

由图 1.3.4(a)可见

$$U_{GSQ} = -I_{DQ} \cdot R_S \qquad (1.3.4)$$

$$U_{DSQ} = V_{DD} - I_{DQ}(R_S + R_D) \qquad (1.3.5)$$

因此，求 Q 点时可以先通过联解式(1.3.3)和式(1.3.4)，求得 I_{DQ} 和 U_{GSQ}，然后将 I_{DQ} 值代入式(1.3.5)，即可求得 U_{DSQ}。当求得的 Q 点值满足：$U_{DSQ} > U_{GSQ} - U_{GS(off)}$ 时，FET 工作于放大区，式(1.3.3)适用，所求得的 Q 点值为电路的静态工作点值；否则表明电路中的 FET 没有工作在放大区，所求得的 Q 点值没有意义。

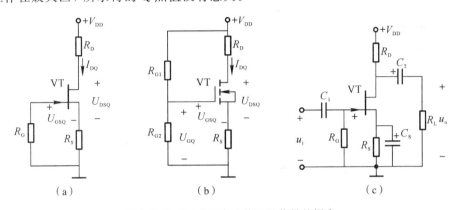

图 1.3.4　FET 的直流偏置及信号的耦合

(a)自给偏压电路；(b)分压式偏置电路；(c)共源极放大电路中的信号耦合

2) 分压式偏置

分压式偏置电路如图 1.3.4(b)所示。这种偏置方式既适用于增强型 FET，也适用于耗尽型 FET。以 N 沟道 FET 为例，这种偏置电路由于有 R_{G1} 和 R_{G2} 的分压，提高了栅极电位，使 $U_{GQ} > 0$，这样既有可能使 $I_{DQ}R_S > U_{GQ}$，满足 N 沟道 JFET 对 U_{GSQ} 的要求($U_{GSQ} < 0$)；也有可能使 $I_{DQ}R_S < U_{GQ}$，满足 N 沟道增强型 FET 对 $U_{GSQ} > U_{GS(th)} > 0$ 的要求。由于耗尽型 MOS 管的 U_{GSQ} 可"正"可"负"，这种偏置电路也总是适用的。

当 FET 工作于放大区时，增强型 FET 静态时的 I_{DQ} 与 U_{GSQ} 也应满足式(1.3.3)，故有

$$I_{DQ} = K \left[U_{GSQ} - U_{GS(th)} \right]^2 \qquad (1.3.6)$$

若将图 1.3.4(b)所示电路中的 FET 改用耗尽型 FET，则仍可用式(1.3.3)表述 I_{DQ} 与 U_{GSQ} 的关系。

同时，由如图 1.3.4(b)所示电路有

$$U_{GSQ} = V_{DD} \frac{R_{G2}}{R_{G1} + R_{G2}} - I_{DQ}R_S \qquad (1.3.7)$$

这样，对于增强型 FET 组成的电路，通过联解式(1.3.6)和式(1.3.7)；耗尽型 FET 通过联解式(1.3.3)和式(1.3.7)就可以求得 I_{DQ} 和 U_{GSQ}。而如图 1.3.4(b)所示电路中的 U_{DSQ} 仍可由式(1.3.5)求得，通过代入 I_{DQ} 后求得。

2. 场效应管的微变等效电路

场效应管低频时的微变等效电路，如图 1.3.5 所示。图中，g_m 为场效应管的跨导。

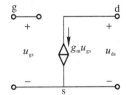

图 1.3.5　FET 的微变等效电路

3. 场效应管组成的三种基本放大电路

1）共源极放大电路

典型的共源极放大电路如图1.3.4(c)所示，图1.3.6(a)为其微变等效电路。

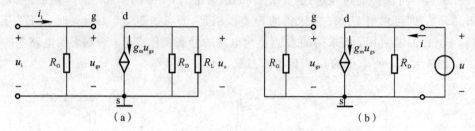

图1.3.6　如图1.3.4（c）所示电路的等效电路
（a）微变等效电路；（b）求 R_o 的等效电路

由图1.3.6(a)可得如图1.3.4(c)所示电路的电压放大倍数为

$$A_u = \frac{U_o}{U_i} = \frac{-g_m U_{gs}(R_D /\!/ R_L)}{U_{gs}} = -g_m R_L' \tag{1.3.8}$$

式中，$R_L' = R_D /\!/ R_L$。电路的输入电阻为

$$R_i = \frac{U_i}{I_i} = R_G \tag{1.3.9}$$

如图1.3.6(b)所示为求 R_o 的等效电路图，由图可得电路的输出电阻为

$$R_o = \frac{U}{I}\bigg|_{\substack{U_S = 0 \\ R_L = \infty}} = R_D \tag{1.3.10}$$

2）共漏极放大电路

共漏极放大电路又称为源极输出器，图1.3.7(a)是其一种代表性的电路，该电路的微变等效电路如图1.3.7(b)所示，求 R_o 的等效电路如图1.3.7(c)所示。电路的电压放大倍数为

$$A_u = \frac{U_o}{U_i} = \frac{g_m U_{gs}(R_S /\!/ R_L)}{U_{gs} + g_m U_{gs}(R_S /\!/ R_L)} = \frac{g_m R_L'}{1 + g_m R_L'} \tag{1.3.11}$$

式中，$R_L' = R_S /\!/ R_L$。电路的输入、输出电阻为

$$R_i = \frac{U_i}{I_i} = R_G \tag{1.3.12}$$

$$R_o = R_S /\!/ \frac{1}{g_m} \tag{1.3.13}$$

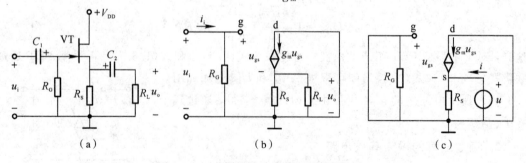

图1.3.7　共漏极放大电路及其等效电路
（a）共漏极放大电路；（b）微变等效电路；（c）求 R_o 的等效电路

3) 共栅极放大电路

共栅极放大电路及其微变等效电路和求 R_o 的等效电路分别如图 1.3.8(a)、(b)、(c)所示。由图可求得

$$A_u = \frac{U_o}{U_i} = g_m(R_D /\!/ R_L) \tag{1.3.14}$$

$$R_i = \frac{U_i}{I_i} = R_S /\!/ \frac{1}{g_m} \tag{1.3.15}$$

$$R_o = \frac{U}{I}\bigg|_{\substack{U_S=0 \\ R_L=\infty}} = R_D \tag{1.3.16}$$

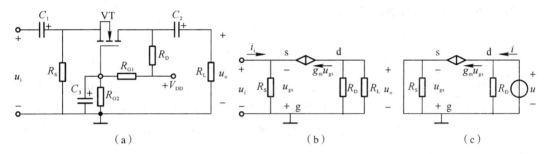

图 1.3.8 共栅极放大电路及其等效电路

(a) 共栅极放大电路；(b) 微变等效电路；(c) 求 R_o 的等效电路

1.4 反馈放大电路

➡ **教学目标**

(1) 理解负反馈对放大电路的作用；

(2) 熟悉放大电路中负反馈的引入方法；

(3) 熟悉深度负反馈放大电路的分析方法。

➡ **教学建议**

以讲授、自学、课堂讨论等多种方法组织教学。

1.4.1 反馈的基本概念及类型

1. 反馈的基本概念

1) 什么是反馈

所谓反馈，就是把放大电路的输出量(电压或电流)的一部分或者全部通过一定的网络返送回输入回路，与输入信号进行比较得到一个净输入量加到放大电路的输入端，以影响放大电路性能的措施，称为反馈。

2) 交流反馈与直流反馈

电路中的反馈作用仅在直流通路中存在，称其为直流反馈；在交流通路中存在的反馈，称其为交流反馈。

3）正反馈与负反馈

当反馈信号削弱输入信号的作用，使净输入信号小于输入信号的反馈称为负反馈。负反馈能使输出信号维持稳定。相反，当反馈信号加强了输入信号的作用，使净输入信号大于输入信号的反馈称为正反馈。正反馈将会使放大电路变为振荡器。

4）瞬时极性法判断正负反馈

通常，采用瞬时极性法判别反馈电路是正反馈还是负反馈。在反馈放大电路的输入端加入对地瞬时极性为正的电压 u_i，根据放大电路的工作原理，标出电路中各点电压的瞬时极性。通过检验反馈信号是增强还是削弱输入信号来判别，削弱者为负反馈，增强者为正反馈。

2. 负反馈放大电路的四种基本类型

1）电压串联负反馈

首先需要判别这个电路中有无反馈。从图1.4.1(a)中的电路可以看出，R_E 是输出回路和输入回路的共有元件，可以通过它将输出信号返送到输入回路，所以这个电路存在反馈。

其次，判断这个电路是正反馈还是负反馈。当输入端对地电压 u_i 为正时，射极输出电压 u_o（也是反馈电压 u_f）对地也为正，于是使净输入电压 u_{id}（$=u_i-u_f$）减小，所以判定为负反馈。

再来判别这个电路是四种负反馈电路中的哪一种，可根据反馈信号的来源区别电压反馈和电流反馈；根据反馈网络接入输入回路的方式来判别串联反馈和并联反馈。

通常，采用将负载电阻短路的方法来判别电压反馈和电流反馈。其方法是：在输出端将 R_L 短路（使 $u_o=0$），如果反馈作用消失，则为电压反馈，因为这时电压反馈信号的来源 u_o 不再存在；如果反馈作用还存在，则为电流反馈。

现将图1.4.1(a)电路中的 R_L 短路，使 $u_o=0$，这时反馈电压 $u_f=0$，反馈作用消失，因此，这是一个电压反馈。在图1.4.1(a)电路中，反馈电压 u_f 与输入电压 u_i 串联作用于基本放大电路的输入端，因此是串联反馈。所以这个电路的反馈类型为电压串联负反馈。图1.4.1(b)为电压跟随器电路。

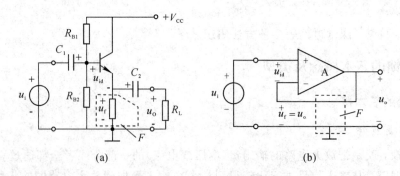

图 1.4.1　电压串联负反馈

（a）射极输出器电路；（b）电压跟随器电路

电压串联负反馈能够稳定输出电压。稳定输出电压的过程如下：

$$U_o \downarrow \rightarrow U_f \downarrow \rightarrow U_{id} \uparrow \rightarrow I_b \uparrow \rightarrow I_c \uparrow \rightarrow$$
$$U_o \uparrow \leftarrow - - - - - - - - - - - - ⤶$$

2）电压并联负反馈

电路如图 1.4.2(a)所示，可以看出，电阻 R_2 从输出回路（集电极）连接到输入回路（基极），使输出信号返送到输入回路，所以存在反馈。

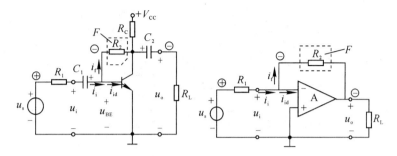

图 1.4.2　电压并联负反馈

（a）分立元件电路；（b）集成运放电路

其次，采用电压瞬时极性法，假设输入电压 u_s 的对地瞬时极性为 ⊕ 时，输出端 u_o 对地瞬时极性则应为 ⊖，u_o 通过 R_2 反馈到输入端的极性也将为 ⊖，它与输入电压的瞬时极性相反，削弱了输入信号，因此是负反馈。

当 R_L 短路时，$u_o = 0$，没有输出电压返送到输入电路，反馈作用消失，因此电路是电压反馈。反馈电流 i_f 与输入电流 i_i 并联作用于基本放大电路的输入端，因此是并联反馈。所以，如图 1.4.2(a)所示电路是电压并联负反馈。图 1.4.2(b)为电压并联负反馈集成运放电路。

电压并联负反馈也能稳定输出电压。这个过程可表示如下：

$$U_o \downarrow \rightarrow I_f \downarrow \rightarrow I_{id} \uparrow \rightarrow I_b \uparrow \rightarrow I_c \uparrow \rightarrow$$
$$U_o \uparrow \leftarrow - - - - - - - - - - \lrcorner$$

3）电流串联负反馈

从如图 1.4.3 所示电路可以看出，由电阻 R 把输出回路与输入回路联系起来，形成了反馈。

采用电压瞬时极性法来判别这个电路是负反馈。将 R_L 短路，使 $u_o = 0$，反馈仍然存在，是电流反馈。从输入回路可以看出，反馈信号 u_f 与输入信号 u_i 串联作用于运放的输入端，因此是串联反馈。

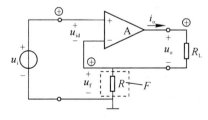

图 1.4.3　电流串联负反馈

电流串联负反馈能够稳定输出电流。反馈过程如下：

$$I_o \downarrow \rightarrow U_f \downarrow \rightarrow U_{id} \uparrow \rightarrow$$
$$I_o \uparrow \leftarrow - - - - - \lrcorner$$

4）电流并联负反馈

图1.4.4电路是由运放组成的反馈电路。从图中可以看出，通过 R_2 和 R_3 电阻网络形成了放大电路输出与输入之间的反馈。

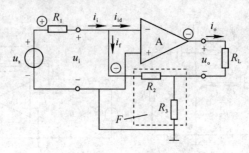

图1.4.4　电流并联负反馈

根据电压瞬时极性法判别，电路为负反馈。用短路 R_L 的方法，判定这个电路是电流反馈。由于反馈信号与输入信号并联作用于输入端，因此电路是并联反馈。

3. 负反馈放大电路的一般表达式

负反馈放大电路的方框图如图1.4.5所示。图中 X_i、X_f、X_{id} 和 X_o 分别表示负反馈放大电路的输入、反馈、净输入信号和输出信号，它们可以是电压、也可以是电流。符号 ⊖ 表示输入信号与反馈信号是相减的关系，即 $X_{id} = X_i - X_f$，以实现负反馈。图中箭头表示信号传递的方向，在基本放大电路中，是正向传递，由前向后，在反馈网络中，则是反向传递，由后向前。这就是说，输入信号只通过基本放大电路到达输出端，而不通过反馈网络，反馈信号只通过反馈网络到达输入端，而不通过基本放大电路。

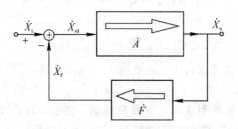

图1.4.5　电流并联负反馈

从图1.4.5可以看出，电路的开环放大倍数为

$$A = \frac{X_o}{X_{id}} \tag{1.4.1}$$

反馈系数为

$$F = \frac{X_f}{X_o} \tag{1.4.2}$$

闭环放大倍数为

$$A_f = \frac{X_o}{X_i} \tag{1.4.3}$$

净输入信号为

$$X_{id} = X_i - X_f \tag{1.4.4}$$

整理得闭环放大倍数为

$$A_f = \frac{A}{1 + AF} \qquad (1.4.5)$$

式(1.4.5)是负反馈放大电路放大倍数的一般表达式。$(1 + AF)$是一个表示负反馈作用强弱程度的量，通常称为反馈深度。

1.4.2　负反馈对放大电路性能的影响及反馈的正确引入

1. 负反馈对放大电路性能的影响

（1）提高放大倍数的稳定性。在负反馈放大电路中，如果由于某种原因引起了 A 的变化，那么它的 A_f 也将随之变化。其相对变化量为

$$\frac{\mathrm{d}A_f}{A_f} = \frac{1}{1 + AF} \cdot \frac{\mathrm{d}A}{A} \qquad (1.4.6)$$

这就是说，A_f 的相对变化量，仅为 A 的相对变换量的$(1 + AF)$分之一。

（2）扩展通频带。放大电路中引入负反馈后，其上限频率提高到开环时的$(1 + A_m F)$倍，下限频率降低到开环时的$\dfrac{1}{1 + A_m F}$倍，从而扩展了通频带。

（3）减小非线性失真。

（4）抑制反馈环内的干扰和噪声。

（5）对输入电阻和输出电阻的影响。

① 串联负反馈使输入电阻增大。

② 并联负反馈使输入电阻减小。

③ 电压负反馈使输出电阻减小。

④ 电流负反馈使输出电阻增大。

2. 正确引入反馈

正确引入反馈是一个综合性问题，它包含着两方面的内容：首先是选择合适的负反馈放大电路类型；其次是正确选用各元件参数。

（1）选择负反馈放大电路类型的依据就是着眼于降低输入信号源的负载和增强放大电路输出端的负载能力。

① 如果输入是电压信号，输出也需要电压信号，这是一个电压放大器，则应选择电压串联负反馈电路，可以获得较大的闭环输入电阻和较小的输出电阻。

② 如果输入是电流信号，输出也需要电流信号，这是一个电流放大器，则应选择电流并联负反馈电路，可以获得较小的闭环输入电阻和较大的输出电阻。

③ 如果输入是电压信号，输出需要电流信号，这是一个电压→电流变换器，则应选择电流串联负反馈电路，可以获得较大的闭环输入电阻和较大的输出电阻。

④ 如果输入是电流信号，输出需要电压信号，这是一个电流→电压变换器，则应选择电压并联负反馈电路，可以获得较小的闭环输入电阻和较小的输出电阻。

（2）选择各元件参数的依据是反馈深度$(1 + AF)$的大小。目前，设计放大电路大多都选用集成运算放大器，一旦运放选定后，A_u、R_o、R_i 即被确定，剩下的工作就是估算反馈系数 F。

1.4.3 负反馈放大电路的分析及近似计算

1. 深度负反馈放大电路近似计算的一般方法

如果负反馈放大电路满足深度负反馈条件$(1+AF)\gg1$时，闭环放大倍数近似等于反馈系数的倒数，即

$$A_{\mathrm{f}}=\frac{A}{1+AF}\approx\frac{1}{F} \tag{1.4.7}$$

由此可知，在深度负反馈条件之下，为了简化计算，忽略了放大电路的净输入信号$(X_{\mathrm{id}}\approx0)$，使反馈信号近似等于输入信号，即

$$X_{\mathrm{f}}\approx X_{\mathrm{i}} \tag{1.4.8}$$

当电路引入串联负反馈时，有

$$U_{\mathrm{f}}\approx U_{\mathrm{i}}\qquad U_{\mathrm{id}}\approx0 \tag{1.4.9}$$

当电路引入并联负反馈时，有

$$I_{\mathrm{f}}\approx I_{\mathrm{i}}\qquad I_{\mathrm{id}}\approx0 \tag{1.4.10}$$

应该指出，当并联负反馈电路满足深度负反馈条件时，其基本放大电路的电压放大倍数也很大，放大电路的净输入电压也可认为近似等于零，即$U_{\mathrm{id}}\approx0$。

2. 电压模运算放大器组成的反馈电路

1）电压串联负反馈（同相输入比例放大器）

电压串联负反馈电路如图 1.4.6 所示。在深度负反馈条件下，$u_{\mathrm{id}}\approx0$（简称为"虚短"），则

$$U_{\mathrm{i}}\approx U_{\mathrm{f}}=\frac{R_1}{R_1+R_2}U_{\mathrm{o}}$$

所以，闭环电压放大倍数为

$$A_{\mathrm{uf}}=\frac{U_{\mathrm{o}}}{U_{\mathrm{i}}}\approx\frac{R_1+R_2}{R_1}$$

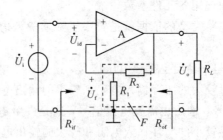

图 1.4.6 电压串联负反馈

2）电压并联负反馈（反相输入比例放大器）

电压并联负反馈电路如图 1.4.7 所示。在深度负反馈条件下，$i_{\mathrm{id}}\approx0$（简称为"虚断"）。则

$$I_{\mathrm{i}}\approx I_{\mathrm{f}}$$

式中，$I_{\mathrm{i}}\approx\dfrac{U_{\mathrm{s}}}{R_1}$，$I_{\mathrm{f}}\approx\dfrac{0-U_{\mathrm{o}}}{R_2}=-\dfrac{U_{\mathrm{o}}}{R_2}$。所示，闭环电压放大倍数为

$$A_{uf} = \frac{U_o}{U_s} \approx -\frac{R_2}{R_1}$$

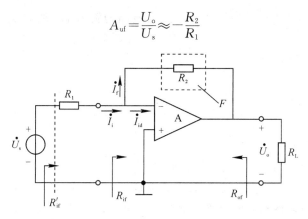

图 1.4.7 电压并联负反馈

3）电流串联负反馈（电压电流变换器）

电流串联负反馈电路如图 1.4.3 所示。在深度负反馈条件下，闭环电压放大倍数为

$$A_{uf} = \frac{U_o}{U_i} = \frac{I_o R_L}{U_i} = A_{gf} R_L \approx \frac{R_L}{R}$$

式中，A_{gf} 为闭环互导放大倍数。

4）电流并联负反馈（电流放大器）

电流并联负反馈电路如图 1.4.4 所示。在深度负反馈条件下，闭环电流放大倍数和电压放大倍数分别为

$$A_{if} = \frac{I_o}{I_i} \approx \frac{I_o}{I_f} = \frac{I_o}{-\dfrac{R_3}{R_2 + R_3} I_o} = -\frac{R_2 + R_3}{R_3}$$

$$A_{uf} = \frac{U_o}{U_s} \approx \frac{I_o R_L}{I_i R_1} = A_{if} \frac{R_L}{R_1} = -\frac{(R_2 + R_3) R_L}{R_3 R_1}$$

3. 分立元件组成的反馈电路

1）电压串联负反馈

由三极管 VT_1 和 VT_2 组成的两级共射极放大电路如图 1.4.8 所示。由图可见，通过电阻 R_1 和 R_2 组成的网络把输出回路与输入回路联系起来，构成了反馈。由于电路中有耦合电容 C_1、C_2、C_3，这一反馈对直流工作点没有影响，因此电路是交流反馈。

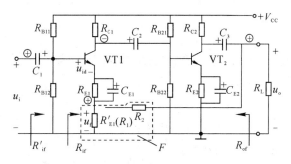

图 1.4.8 两级共射极放大电路

利用瞬时极性法判断电路为负反馈。

由于反馈信号和输入信号串联作用于放大电路的输入端，所以是串联反馈。同时，反馈信号来源于输出电压，当负载电阻等于零时，反馈电压也为零，所以是电压反馈。

综上所述，该电路是电压串联负反馈放大电路。

闭环电压放大倍数为：

$$A_{uf} = \frac{U_o}{U_i} \approx \frac{U_o}{U_f} = \frac{R_1 + R_2}{R_1}$$

2）电流并联负反馈

由三极管 VT_1 和 VT_2 组成的两级共射极放大电路如图 1.4.9 所示。由图可见，通过电阻 R_2 和 R_3 组成的网络把输出回路与输入回路联系起来，构成了反馈。由于两级电路之间是直接耦合，在直流通路和交流通路中都存在反馈。所以，图 1.4.9 电路既是直流反馈，也是交流反馈。

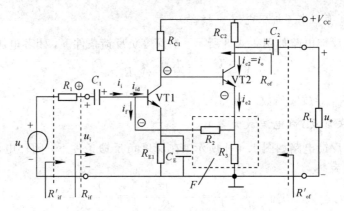

图 1.4.9 电流并联负反馈

利用瞬时极性法判断电路是负反馈。

由于反馈信号和输入信号并联作用于放大电路的输入端，所以是并联反馈。同时，反馈信号（i_f）来源于三极管（VT_2）集电极电流（$i_{C2} \approx i_{E2}$），当负载电阻等于零时，反馈电流不为零，所以是电流反馈。

综上所述，该电路是电流并联负反馈放大电路。

闭环电压放大倍数为

$$A_{uf} = \frac{U_o}{U_s} \approx \frac{-I_o R_L'}{I_i R_1} = -A_{if}\frac{R_L'}{R_1} = \frac{(R_2 + R_3)R_L'}{R_3 R_1}$$

式中，$R_L' = R_L /\!/ R_{C2}$。

1.5 信号运算电路

⊙ **教学目标**

（1）熟悉典型的信号运算电路及其组成原理；

（2）熟悉运算电路的设计、分析方法。

⊙ **教学建议**

以讲授、自学、课堂讨论等多种方法组织教学。

1.5.1 基本运算电路

1. 加法运算

1）反相输入加法电路

将两路输入信号同时接入运算放大器的反相输入端，如图 1.5.1 所示。由于电路存在深度负反馈，运放两个输入端之间呈现"虚短"。当 $u_{b_2}=0$ 时，$u_{b_1}=0$，b_1 点为"虚地"。根据"虚断"的特性，流入运放的净输入电流近似为零，则

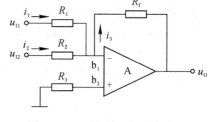

图 1.5.1 反相输入加法电路

$$i_1 + i_2 = i_3 \qquad (1.5.1)$$

即

$$\frac{u_{I1} - u_{b_1}}{R_1} + \frac{u_{I2} - u_{b_1}}{R_2} = \frac{u_{b_1} - u_O}{R_f} \qquad (1.5.2)$$

由式(1.5.2)可得

$$u_O = -\left(\frac{R_f}{R_1}u_{I1} + \frac{R_f}{R_2}u_{I2}\right) \qquad (1.5.3)$$

若 $R_1 = R_2 = R$，则

$$u_O = -\frac{R_f}{R}(u_{I1} + u_{I2}) \qquad (1.5.4)$$

即输出电压与各输入电压之和成比例。当 $R_f = R$ 时，实现了数学相加运算。

2）同相输入加法电路

将输入电压 u_{I1}、u_{I2} 加在集成运放的同相端，则构成如图 1.5.2 所示的同相输入加法电路。

由于负反馈存在，运放工作在线性状态，可以利用叠加原理对电路进行分析。先设 $u_{I2}=0$，u_{I1} 单独作用时，b_2 点的电位为

$$u'_{b_2} = \frac{R_3}{R_2 + R_3}u_{I1} \qquad (1.5.5)$$

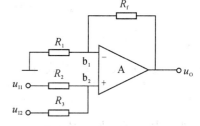

图 1.5.2 同相输入加法电路

再考虑 $u_{I1}=0$，u_{I2} 单独作用时，b_2 点的电位为

$$u''_{b_2} = \frac{R_2}{R_2 + R_3}u_{I2} \qquad (1.5.6)$$

根据叠加原理可以求得 b_2 点的电位为

$$u_{b_2} = u'_{b_2} + u''_{b_2} \qquad (1.5.7)$$

将式(1.5.5)及式(1.5.6)代入式(1.5.7)可得

$$u_{b_2} = \frac{R_3}{R_2 + R_3}u_{I1} + \frac{R_2}{R_2 + R_3}u_{I2} \qquad (1.5.8)$$

由 b_2 点电位可得输出电压 u_O 为

$$u_O = \frac{R_1 + R_f}{R_1}u_{b_2} = \left(1 + \frac{R_f}{R_1}\right)(K_1 u_{I1} + K_2 u_{I2}) \qquad (1.5.9)$$

式中，$K_1 = \dfrac{R_3}{R_2 + R_3}$，$K_2 = \dfrac{R_2}{R_2 + R_3}$。

2. 减法运算

典型的差分输入比例电路如图 1.5.3(a)所示。图中，输入电压 u_{I1} 和 u_{I2} 分别接入运放的反相输入端和同相输入端，输出电压 u_O 通过电阻 R_2 反馈到运放的反相输入端来构成负反馈，使电路工作在线性状态，因而可利用叠加原理来分析电路的输入及输出关系。当输入电压 u_{I1} 单独作用时，图 1.5.3(a)可等效为如图 1.5.3(b)所示的反相输入比例电路；当输入电压 u_{I2} 单独作用时，图 1.5.3(a)可等效为如图 1.5.3(c)所示的同相输入比例电路。

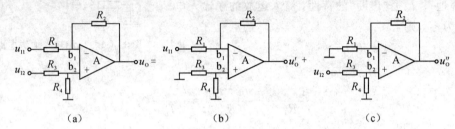

图 1.5.3　减法运算电路及分析

(a) 差动输入比例电路；(b) 反相输入比例电路；(c) 同相输入比例电路

由图 1.5.3(b)可得

$$u'_O = -\frac{R_2}{R_1} u_{I1} \tag{1.5.10}$$

由图 1.5.3(c) 可得

$$u''_O = \left(1 + \frac{R_2}{R_1}\right) u_{b_2}, \quad u_{b_2} = \frac{R_4}{R_3 + R_4} u_{I2}$$

故

$$u''_O = \left(1 + \frac{R_2}{R_1}\right)\left(\frac{R_4}{R_3 + R_4}\right) u_{I2} \tag{1.5.11}$$

根据叠加原理，将式(1.5.10)和式(1.5.11)相加可得

$$u_O = u'_O + u''_O = -\frac{R_2}{R_1} u_{I1} + \left(1 + \frac{R_2}{R_1}\right)\left(\frac{R_4}{R_3 + R_4}\right) u_{I2} \tag{1.5.12}$$

如果 $R_1 = R_3$，$R_2 = R_4$，则

$$u_O = \frac{R_2}{R_1}(u_{I2} - u_{I1}) \tag{1.5.13}$$

式(1.5.13)表明输出电压正比于输入电压之差，因而称该电路为差分输入比例电路。当 $R_2 = R_1$ 时，该电路实现了数学减法运算。

3. 积分运算

积分电路如图 1.5.4 所示，由于电路存在深度负反馈，运放反相输入端为"虚地"；根据理想运放"虚断"的特性，可列出以下方程：

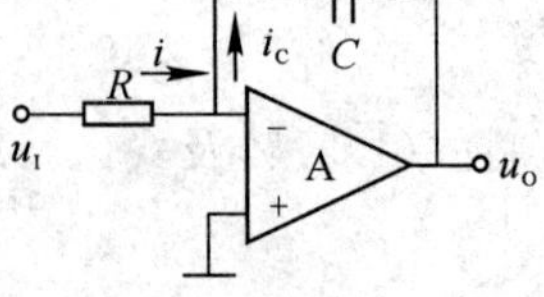

$$i_C = i = \frac{u_1}{R}$$

图 1.5.4　积分电路

$$u_O = -u_C = -\frac{1}{C}\int i_C \, \mathrm{d}t = -\frac{1}{RC}\int u_I \, \mathrm{d}t \tag{1.5.14}$$

上式表明，输出电压 u_O 正比于输入电压 u_I 的积分。

4. 微分运算

将积分电路的电阻与电容元件互换，可构成微分电路如图 1.5.5 所示。假定电容 C 的初始电压为零，可得到如下关系式：

$$u_O = -i_f R = -i_C R$$

而 $i_C = C\dfrac{du_I}{dt}$，所以

$$u_O = -RC\dfrac{du_I}{dt}$$

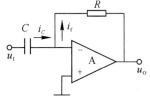

图 1.5.5　微分电路

上式表明，输出电压 u_O 正比于输入电压 u_I 的微商。

1.5.2　模拟乘法器及其应用

模拟乘法器可以实现两路输入信号的相乘运算，它还可以与运算放大器结合实现除法运算、求根运算和求幂运算等，并且广泛运用于通讯、广播、仪表和测量等领域。

1. 乘法器的电路符号

乘法器的电路符号如图 1.5.6 所示，输出电压 u_O 与两路输入电压 u_X 与 u_Y 的关系为

$$u_O = K u_X u_Y \qquad (1.5.15)$$

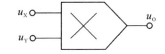

图 1.5.6　模拟乘法器电路符号

式中，K 为比例因子，其值与乘法器的电路参数有关，单位为 V^{-1}。

目前，单片集成模拟乘法器的种类很多，性能也很好，如：AD630、AD633 和 AD734 等。

2. 乘法器应用电路

1）平方运算电路

将输入电压 u_I 同时接在模拟乘法器的两个输入端，即可获得输出电压是输入电压的平方关系，$u_O = K u_I^2$。如图 1.5.7 所示电路是平方运算电路原理图。

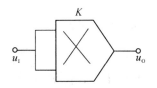

图 1.5.7　平方运算电路

2）开平方运算电路

由乘法器和运算放大器组成的开平方电路如图 1.5.8 所示。设运算放大器为理想器件，则

$$\frac{u_I}{R} = -\frac{K u_O^2}{R}$$

所以

$$u_O = \sqrt{-\frac{u_I}{K}} \qquad (1.5.16)$$

式(1.5.16)表明，由于根号下的数必须大于零，而乘法器的 K 为正数，故 u_I 必须小于零。实际上，也只有 u_I 小于零，该电路中的反馈才是负反馈，否则电路中的反馈将是正反馈，导致电路工作不稳定。

3）除法运算

由乘法器和运算放大器组成的除法电路如图 1.5.9 所示。设运算放大器为理想器件，可得输入与输出关系为

$$\frac{u_{I1}}{R_1}=-\frac{Ku_Ou_{I2}}{R_2}$$

$$u_O=-\frac{R_2}{KR_1}\frac{u_{I1}}{u_{I2}}$$

(1.5.17)

注意： 只有当 $u_{I2}>0$ 时，该电路中的反馈才是负反馈，否则是正反馈，将导致电路工作不稳定。

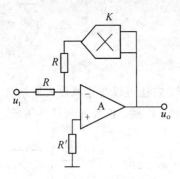

图 1.5.8 开平方运算电路

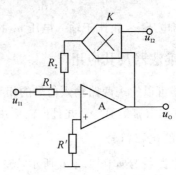

图 1.5.9 除法运算电路

1.6 信号处理电路

🡒 **教学目标**

（1）熟悉典型的信号处理电路组成及工作原理；
（2）熟悉典型的信号处理电路的分析方法。

🡒 **教学建议**

以讲授、自学、课堂讨论等多种方法组织教学。

1.6.1 有源滤波器

1. 低通有源滤波器

1）一阶低通有源滤波器

如图 1.6.1（a）所示电路为最简单的一阶 RC 低通有源滤波器。当运算放大器的特性理想时，电路的传递函数为

$$A(s)=\frac{U_o(s)}{U_i(s)}=-\frac{R_2}{R_1}\frac{1}{1+sCR_2}$$

(1.6.1)

令 $\omega_c=1/(R_2C)$，$A_0=-R_2/R_1$，其中 ω_c 和 A_0 分别称为滤波器的截止角频率和通带增益。则上式变为

$$A(s)=A_0\frac{\omega_c}{s+\omega_c}$$

(1.6.2a)

令 $s=j\omega$，得滤波器的频率特性为

$$A(\mathrm{j}\omega)=A_\circ\,\frac{\omega_\mathrm{c}}{\mathrm{j}\omega+\omega_\mathrm{c}}=A_\circ\,\frac{1}{1+\mathrm{j}\dfrac{f}{f_\mathrm{c}}} \tag{1.6.2b}$$

式中，$f=\dfrac{\omega}{2\pi}$，$f_\mathrm{c}=\dfrac{\omega_\mathrm{c}}{2\pi}=\dfrac{1}{2\pi RC}$。

画出低通滤波器的幅频特性如图 1.6.1(b) 所示。由图可见，电路的增益随频率的增大而减小。传输特性与 f 的一次方有关，故电路为一阶 RC 低通有源滤波器。

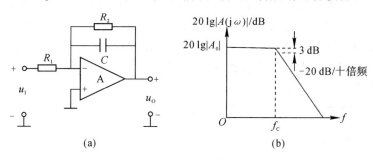

(a)　　　　　　　　　　　　(b)

图 1.6.1　一阶低通有源滤波器

(a) 电路图；(b) 幅频特性

一阶滤波器电路虽然简单，但其滤波效果不好。当 $f>f_\mathrm{c}$ 后，滤波器的输出并不立即衰减为零，而是以每十倍频 20 dB 的速率下降。若要求幅频特性曲线在高频段以更大的衰减速度下降，就需要采用二阶、三阶或更高阶的滤波器。

2）二阶低通有源滤波器

如图 1.6.2 所示电路是一种常用的 RC 二阶低通有源波器电路。电路的传递函数为

$$A(s)=-\frac{R_2}{R_1}\frac{1}{1+sC_1R_3(1+R_2/R_3+R_2/R_1)+s^2R_3R_2C_2C_1}=-\frac{R_2}{R_1}\frac{\omega_\mathrm{n}^2}{s^2+s\omega_\mathrm{n}/Q+\omega_\mathrm{n}^2} \tag{1.6.3}$$

式中：$\omega_\mathrm{n}=\dfrac{1}{\sqrt{R_3R_2C_2C_1}}$ 为特征角频率（也称为固有角频率）；$Q=\dfrac{R_1\sqrt{C_2R_3R_2}}{(R_1R_3+R_1R_2+R_3R_2)\sqrt{C_1}}$ 为

品质因数；$A_0=-\dfrac{R_2}{R_1}$ 为滤波器的通带增益。

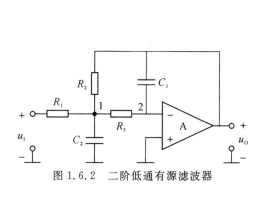

图 1.6.2　二阶低通有源滤波器

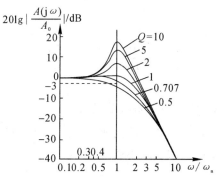

图 1.6.3　不同 Q 值的二阶低通有
源滤波器幅频性图

式 (1.6.3) 表明 $A(s)$ 与 s 的二次方有关，因此，如图 1.6.2 所示电路为二阶低通滤波器。

画出的不同 Q 值的幅频响应如图 1.6.3 所示。当 $Q>1/\sqrt{2}$ 时，滤波器的幅频特性有峰值，峰值的大小与 Q 值有关，Q 值越大，尖峰越高。当 $Q\rightarrow\infty$ 时，电路将产生自激振荡。这种幅频特性有起伏的滤波器称为切比雪夫（Chebyshev）型滤波器，这种滤波器虽然在通带有起伏，但在过渡带衰减速度较快。当 $Q\leqslant1/\sqrt{2}$ 时，幅频特性不出现峰值，但 Q 值越小，幅频特性下降得越早，或者说幅频特性在 $\omega\leqslant\omega_n$ 的频域下降越严重。$Q=1/\sqrt{2}$ 是一个临界值，Q 超过该值时幅频特性出现峰值，小于该值时幅频特性下降加剧。因而当 $Q=1/\sqrt{2}$ 时所得的幅频特性是最平坦的，既无峰值，在 $\omega\leqslant\omega_n$ 的频域下降量又最小。一般将 Q 值等于 $1/\sqrt{2}$ 对应的滤波器称为最大平坦滤波器，或巴特沃斯（Butterworth）型滤波器。

二阶低通滤波器的幅频特性在过渡带内以 40 dB/十倍频程的速率衰减，它的滤波效果要比一阶电路好得多。

2. 高通有源滤波器

1）一阶高通有源滤波器

一阶高通有源滤波器的电路图如图 1.6.4(a)所示。

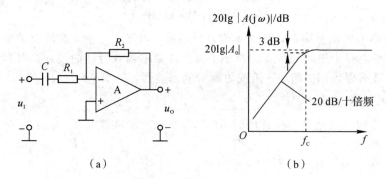

（a） （b）

图 1.6.4 一阶高通有源滤波器

(a) 电路图；(b) 幅频特性

如图 1.6.4(a)所示电路的传递函数与频率特性分别为

$$A(s)=A_0\frac{s}{s+\omega_c} \tag{1.6.4a}$$

$$A(\mathrm{j}\omega)=A_0\frac{1}{1-\mathrm{j}f_c/f} \tag{1.6.4b}$$

式中，$f_c=\dfrac{\omega_c}{2\pi}=\dfrac{1}{2\pi R_1 C}$，$A_0=-\dfrac{R_2}{R_1}$。画出如图 6.1.4（a）所示电路的幅频特性，如图 1.6.4(b)所示。

2）二阶高通有源滤波器

一种典型的二阶高通有源滤波器电路图如图 1.6.5 所示。

滤波器的传递函数为

$$A(s)=\frac{U_o(s)}{U_i(s)}=\frac{A_0s^2}{s^2+\dfrac{\omega_n}{Q}s+\omega_n^2} \tag{1.6.5}$$

式中，$\omega_n=\dfrac{1}{\sqrt{R_1R_2C_1C_2}}$，$Q=\dfrac{\sqrt{R_1R_2C_1C_2}}{C_1R_1+C_2R_1+C_2R_2(1-A_0)}$。

画出不同 Q 值下滤波器的幅频特性, 如图 1.6.6 所示。我们把具有如图 1.6.7(a)所示电路结构的有源滤波器一般称为压控电压源型电路, 它除可构成高通滤波器外, 也可以构成低通滤波器、带通滤波器等。

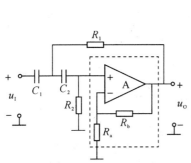

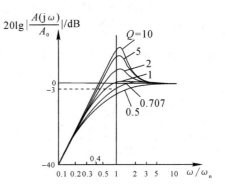

图 1.6.5 二阶高通有源滤波器　　1.6.6 二阶高通有源滤波器的幅频特性

3. 带通和带阻有源滤波器

1) 二阶带通有源滤波器

二阶带通有源滤波器电路图幅频特性如图 1.6.7 所示。

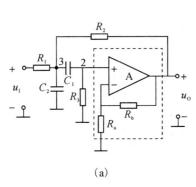

(a)

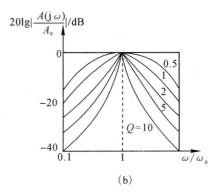

(b)

图 1.6.7 二阶带通有源滤波器

(a)压控电压源电路; (b)幅频特性

二阶带通有源滤波器的传递函数为

$$A(s)=\frac{U_o(s)}{U_i(s)}=\frac{A_0 s/R_1 C_2}{s^2+\omega_o s/Q+\omega_o^2} \qquad (1.6.6)$$

式中, $\omega_o=\sqrt{\dfrac{R_1+R_2}{R_1 R_2 R_3 C_2 C_1}}$ 为中心角频率, $Q=\dfrac{\omega_o}{\dfrac{1}{R_1 C_2}+\dfrac{1}{R_3 C_2}+\dfrac{1}{R_1 C_1}+\dfrac{1-A_0}{R_2 C_2}}$

二阶带通有源滤波器的上限截止频率 ω_H 和下限截止频率 ω_L 分别为

$$\omega_H=\left[\sqrt{1+\frac{1}{4Q^2}}+\frac{1}{2Q}\right]\omega_o$$

$$\omega_L=\left[\sqrt{1+\frac{1}{4Q^2}}-\frac{1}{2Q}\right]\omega_o$$

滤波器的带宽为

$$\omega_{BW}=\omega_H-\omega_L=\frac{\omega_o}{Q} \tag{1.6.7}$$

由式(1.6.7)可见，Q 值越大，通频带越窄，选择性越强。

2）二阶带阻有源滤波器

二阶带阻有源滤波器电路图和幅频特性如图 1.6.8 所示。

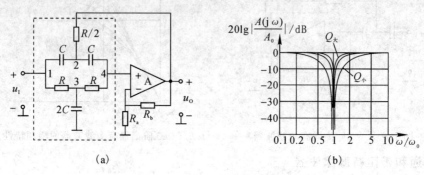

图 1.6.8 二阶带阻有源滤波器

（a）电路；（b）幅频特性

电路的传递函数

$$A(s)=A_0\frac{s^2+\omega_o^2}{s^2+\omega_o/Q+\omega_o^2} \tag{1.6.8}$$

式中，$\omega_o=\dfrac{1}{RC}$，$Q=\dfrac{1}{2(2-A_0)}$。

滤波器的上限截止角频率 ω_H 和下限截止角频率 ω_L 为

$$\omega_H=\frac{\omega_o}{2Q}(\sqrt{1+4Q^2}+1),\quad \omega_L=\frac{\omega_o}{2Q}(\sqrt{1+4Q^2}-1)$$

滤波器的阻带带宽为

$$\omega_{BW}=\omega_H-\omega_L=\frac{\omega_o}{Q}$$

1.6.2 电压比较器

电压比较器是用来比较输入电压相对大小的电路。通常至少有两个输入端和一个输出端。其中一个输入端接参考电平（或基准电压），另一个接被比较的输入信号。当输入信号略高于或低于参考电压时，输出电压将发生跃变，但输出信号只有两种可能的状态，不是高电平，就是低电平。可见，比较器输入的是模拟信号，输出的则是属于数字性质的信号，它是模拟电路与数字电路之间的接口电路。电压比较器广泛应用于波形变换、A/D 转换、数字仪表、自动检测与控制等各个方面。

1. 单门限比较器

非零电平比较器如图 1.6.9(a)所示，运放的同相输入端接固定参考电平 U_{ref}，反相端接输入信号 u_I。如果 $u_I>U_{ref}$，电路输出低电平；反之，若 $u_I<U_{ref}$，则输出高电平。电路的传输特性如图 1.6.9(b)所示，它的翻转电平在参考电压 U_{ref} 处。改变参考电平 U_{ref} 的大小，

便可改变比较器翻转的时刻，参考电平的大小和极性需根据实际要求而定。

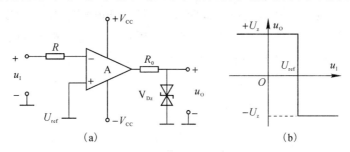

图 1.6.9　非零电平比较器

(a)电路；(b)传输特性

2. 多门限比较器

1) 迟滞比较器

如图 1.6.10(a)所示为一种典型的迟滞比较器电路。电路中引入了正反馈，一方面加速了输出电压翻转过程，另一方面给电路提供了双极性参考电平，产生回环。

因为电路中存在着正反馈，运放不可能工作在线性区，其输出只可能有两种状态，即 $u_O = \pm U_z$。参考点的电压为 $U_{ref} = \pm K U_z$，其中，$K = R_2/(R_2 + R_3)$。

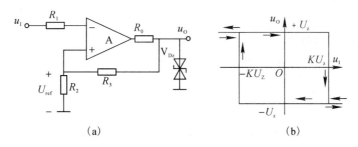

图 1.6.10　反相输入迟滞比较器

(a)电路图；(b)传输特性

假定电路在某一时刻，$u_O = U_z$，则参考电平 $U_{ref} = K U_z$，当 u_1 逐渐上升，达到并稍超过 $K U_z$ 时电路翻转，输出电压立即转变为 $u_O = -U_z$，随之参考电平变为 $U_{ref} = -K U_z$。这时，即使 u_1 降低到 $K U_z$ 以下(只要不比 $-K U_z$ 更低)，电路也不会翻转回去，输出将维持 $-U_z$ 不变。只有当 u_1 继续下降并低于 $-K U_z$ 时，电路才会翻转，输出电压又回到 U_z。电路的传输特性如图 1.6.10(b)所示。

2) 窗口比较器

窗口比较器是用来检测输入信号是否位于两个指定的门限(参考电平)之间。当输入 u_1 在设定的上限 U_H 和下限 U_L 之间时，输出为高电平，否则输出为低电平。或者相反，在上、下限之间时输出低电平，否则输出为高电平。这种电路可用于工业控制系统，当被测量(温度、压力、液面等)超出范围时，便发出指示信号。图 1.6.11(a)是一个典型的窗口比较器电路，图 1.6.11(b)是其传输特性。设 U_H、U_L 均为正值，且 $U_H > U_L$。电路工作原理如下：

(1) 当 $U_L < u_1 < U_H$ 时，运放 A_1 和 A_2 的同相端电压均低于反向端电压，它们都输出

低电平。因此，二极管 VD_1、VD_2 截止，晶体管 VT 也截止，$u_O = +V_{CC}$，输出高电平。

（2）当 $u_I > U_H$ 时，运放 A_1 输出高电平，A_2 输出低电平。二极管 VD_1 导通，VD_2 截止。如果选择电阻 R_B 使晶体管工作在饱和状态，则 $u_O \approx -V_{CC}$，输出低电平。

（3）当 $u_I < U_L$ 时，A_1 输出低电平，A_2 输出高电平。VD_1 截止，VD_2 导通。晶体管的工作情况同 $u_I > U_H$ 时，输出低电平。

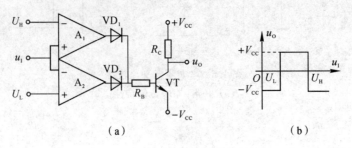

（a）   （b）

图 1.6.11　窗口比较器

（a）电路图；（b）传输特性

1.7　信号发生器

📍 **教学目标**

（1）熟悉典型的信号发生电路的组成及工作原理；

（2）熟悉典型的信号发生电路的分析方法。

📍 **教学建议**

以讲授、自学、课堂讨论等多种方法组织教学。

信号发生器在电子技术应用领域里的用途非常广泛。例如在测量、控制、通讯和广播电视系统中，常常需要频率可变和幅度可调的正弦波信号发生器；在数字系统和自动控制系统也常常需要方波、三角波、锯齿波、脉宽调制波等非正弦波信号发生器，它们的用途各异。

1.7.1　正弦波信号发生器

1. *RC* 型正弦波信号发生器

1）电路构成

图 1.7.1 是由集成运放和文氏电桥反馈网络组成的正弦波振荡电路。图中 Z_1、Z_2 是文氏电桥的两臂，由它们组成正反馈选频网络；文氏电桥的另外两臂 R_1、R_2 是集成运放的负反馈网络，它与集成运放一起组成振荡电路的放大环节。

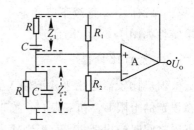

图 1.7.1　文氏电桥正弦波振荡电路

2）工作原理

在图 1.7.1 的电路中，只有当频率为 $f_0(f_0 = \dfrac{1}{2\pi RC})$ 的输出电压 $\dot{U}_o$ 通过选频网络传

输到集成运放同相端，才会使 $\dot{U}_f$ 与 $\dot{U}_o$ 同相，即 $\varphi_A + \varphi_f = 2n\pi$，满足相位平衡的条件。同时，反馈电压 $\dot{U}_f$ 的幅值最大，且为输出电压 $\dot{U}_o$ 的 1/3 倍。故只要集成运放组成的同相输入比例器的电压放大倍数 $A \geqslant 3$，则可满足幅值平衡条件和起振的条件，产生频率为 f_0 的正弦波振荡，其他频率的分量则不满足振荡条件而受到抑制。因此电路中 R_1、R_2 的参数可由下式确定

$$A = \frac{R_1 + R_2}{R_2} \geqslant 3 \tag{1.7.1}$$

如果要改变振荡频率 f_0，通过改变选频网络的参数 RC 即可。

2. LC 型正弦波信号发生器

LC 正弦波振荡电路主要用来产生 1 MHz 以上的高频信号。由于通用运放的频带较窄，所以 LC 正弦波振荡电路一般用分立组件组成。按照反馈方式的不同，常用的 LC 正弦波振荡电路有变压器反馈式、电感三点式和电容三点式三种。

1) 变压器反馈式 LC 振荡电路

变压器反馈式 LC 振荡电路如图 1.7.2 所示。图中变压器原边（匝数为 N_1）等效电感 L 与电容 C 组成的并联谐振回路作为共射放大电路晶体管的集电极负载，实现了选频放大作用。变压器副边（匝数为 N_2）构成反馈电路，将它两端感应的信号电压 $\dot{U}_f$ 作为输入信号加在放大器的输入回路，因此称为变压器反馈式正弦波振荡电路。

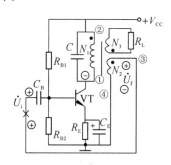

图 1.7.2　变压器反馈式 LC 振荡电路

当接通电源在集电极回路激起一个微小的电流变化时，由于 LC 并联谐振回路的选频特性，其中频率等于谐振频率 f_0 的分量可得到最大值，在变压器副边 N_2 感应出一反馈电压 $\dot{U}_f$，并且满足相位平衡的条件，加到了放大器的输入回路，形成了正反馈，从而建立起频率为 f_0 的增幅振荡。当振荡幅度大到一定程度时，晶体管进入非线性区后电路放大倍数 A 下降直到满足振幅平衡条件 $AF = 1$ 为止。LC 振荡电路中晶体管的非线性特性使电路具有自动稳幅的能力。虽然晶体管的集电极电流波形可能明显失真，但由于集电极负载 LC 并联谐振回路具有良好的选频作用，输出电压波形一般失真不大。

变压器反馈式 LC 振荡电路的振荡频率为

$$f_0 \approx \frac{1}{2\pi\sqrt{LC}} \tag{1.7.2}$$

2) 电感三点式 LC 振荡电路

电感三点式振荡电路如图 1.7.3(a) 所示，图 1.7.3(b) 是其交流通路。由图 1.7.3(b) 可知，电感线圈的三个端点分别与晶体管的三个电极 b、c、e 相连接，因此这种振荡电路称为电感三点式振荡电路。

电感三点式振荡电路的振荡频率为

$$f_0 = \frac{1}{2\pi\sqrt{LC}} = \frac{1}{2\pi\sqrt{(L_1 + L_2 + 2M)C}} \tag{1.7.3}$$

式中，M 为线圈 L_1 与 L_2 之间的互感。电感三点式振荡电路的特点是：由于电感 L_1 和 L_2 之间耦合很紧，因此容易起振，并且可方便的改变电感线圈抽头位置来改善波形失真程度。

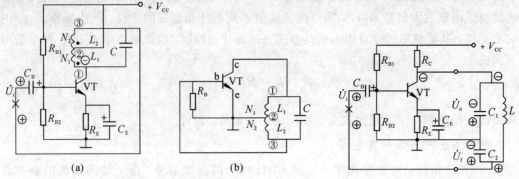

图 1.7.3　电感三点式 LC 振荡电路　　　图 1.7.4　电容三点式 LC 振荡电路

（a）原理电路；（b）交流通路

3）电容三点式 LC 振荡电路

电容三点式振荡电路如图 1.7.4 所示，晶体管的三个电极直接与两个电容器的三点相连，因此称为电容三点式振荡电路。

电容三点式振荡电路的振荡频率为

$$f_0 \approx \frac{1}{2\pi\sqrt{LC}} = \frac{1}{2\pi\sqrt{\dfrac{C_1 C_2}{C_1 + C_2}L}} \tag{1.7.4}$$

3. 晶体振荡器

在工程实际应用中，常常要求振荡器输出信号的频率有一定的稳定度。石英晶体振荡电路具有很高的频率稳定度，稳定度可高达 $10^{-9} \sim 10^{-11}$ 数量级。

石英晶体振荡电路的形式是多种多样的，但根据晶体在振荡电路中的作用，可分为并联型和串联型两类。

1）并联型晶体振荡器

并联型晶体振荡电路如图 1.7.5 所示。晶体与 C_1、C_2 组成电容三点式振荡电路。

2）串联型晶体振荡器

串联型晶体振荡电路如图 1.7.6 所示。由图可见，晶体连接在反馈支路中，调节 R 可以改变反馈量的大小，以便得到不失真的正弦波输出。

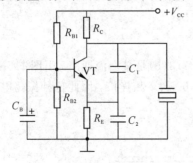 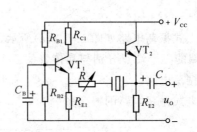

图 1.7.5　并联型晶体振荡电路　　　图 1.7.6　串联型晶体振荡电路

1.7.2　非正弦信号发生器

1. 方波发生器

1）电路组成

方波发生器电路图如图 1.7.7(a)所示，图中，迟滞比较器起开关作用，主要产生高低电平，RC 网络除了起反馈作用以外还起延迟作用。

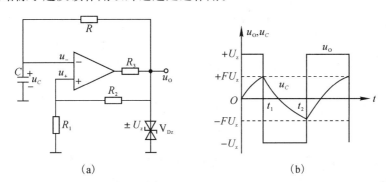

图 1.7.7　方波发生器
(a) 电路图；(b) 波形图

2）工作原理

在接通电源的瞬间，电路中总是存在某些扰动。由于 R_1、R_2 的正反馈作用使得运放输出立即达到饱和值，但究竟是正饱和值还是负饱和值，纯属偶然。设 $t=0$，$u_O=+U_z$，$u_C=0$，则运放同相输入端的电位为

$$u_+ = +FU_z$$

式中，$F=R_1/(R_1+R_2)$。

此时输出电压通过 R 使电容 C 充电（$0\sim t_1$），运放反相输入端的电压 $u_-=u_C$ 由零向正方向按指数规律上升。在 $u_-<u_+$ 期间（$t<t_1$），$u_O=+U_z$ 不变。一旦当 u_- 上升到略大于 u_+ 时，输出电压 u_O 立即由 $+U_z$ 跳变为 $-U_z$（$t=t_1$），运放同相输入端的电位也随之跳变为 $u'_+=-FU_z$。在 $u_O=-U_z$ 的作用下，电容器 C 通过 R 放电（$t_1\sim t_2$），u_- 向负方向下降。一旦当 u_- 下降到略小于 u'_+ 时，输出电压 u_O 又立即由 $-U_z$ 跳变为 $+U_z$（$t=t_2$）。如此循环，则输出端得到方波信号。经过一段过渡过程以后，输出波形和电容器两端的波形如图 1.7.7 (b)所示。

方波发生器的振荡频率为

$$f=\frac{1}{2RC\ln(1+2R_1/R_2)} \tag{1.7.5}$$

由上式可见，振荡频率与电路的时间常数 RC 及 R_1/R_2 有关，而与输出电压的幅值无关。在实际应用中，常通过改变 R 来调节频率。

2. 三角波发生器

1）电路组成

三角波发生器电路图如图 1.7.8(a)所示。

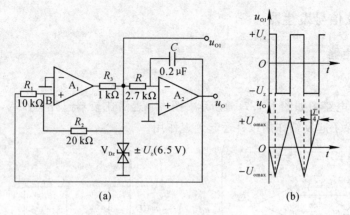

图 1.7.8　三角波发生器

(a)电路图；(b)波形图

2)工作原理

迟滞比较器 A_1 的反相输入端接地,同相输入端电压 u_B 由 u_{O1} 和 u_O 两个电压共同作用,比较器的输出电压 u_{O1} 作为积分器 A_2 的输入信号。因 u_{O1} 的大小等于稳压管的稳定值 U_z,积分电容器被恒流充电。若 u_{O1} 为 $+U_z$,则电容器 C 充电,输出电压 u_O 线性下降,当 u_O 下降到某一负值,使 A_1 的同相输入端电压 u_B 略低于零时,A_1 的输出电压 u_{O1} 从 $+U_z$ 跳变为 $-U_z$。在 u_{O1} 变为 $-U_z$ 后,电容器 C 放电,输出电压 u_O 线性上升,当 u_O 上升到某一正值,使 A_1 的同相输入端电压 u_B 略高于零时,A_1 的输出电压 u_{O1} 从 $-U_z$ 跳回到 $+U_z$,如此周而复始,产生振荡。A_1 的输出端产生方波信号,A_2 的输出端产生三角波信号,u_O 和 u_{O1} 波形如图 1.7.8(b)所示。

3)主要参数计算

(1)三角波的幅值为

$$U_{o\,max} = \frac{R_1}{R_2} U_z \tag{1.7.6}$$

(2)三角波发生器的振荡频率为

$$f = \frac{1}{T} = \frac{R_2}{4R_1 RC} \tag{1.7.7}$$

由式(1.7.7)可见,改变 R、C 或 R_2/R_1 的比值都可改变振荡频率。然而,改变 R_2/R_1 的比值将会改变三角波的幅值。通常改变电容 C 作为频率粗调,改变电阻 R 作为频率细调。

1.8　功率放大电路

⟹ **教学目标**

(1)熟悉乙类、甲乙类互补推挽功率放大电路的组成、工作原理及特点;

(2)熟悉乙类、甲乙类互补推挽功率放大电路性能指标的计算方法。

⟹ **教学建议**

以讲授、自学、课堂讨论等多种方法组织教学。

1.8.1 互补推挽功率放大电路

1. 乙类互补推挽功率放大电路

1）工作原理

图 1.8.1(a)为乙类互补推挽功率放大电路的原理图。

(1) 在静态时，输入信号为零，两个管子均不导通，输出电压也为零，电路无静态功耗。

(2) 在动态时，输入信号在正半周期间，VT_1 导通、VT_2 截止，负载获得正半周电流，等效电路如图 1.8.1(b)所示。输入信号在负半周期间，VT_2 导通、VT_1 截止，负载获得负半周电流，等效电路如图 1.8.1(c)所示。两管轮流导通，在负载上得到一个完整周期的输出信号电流，减小了非线性失真。

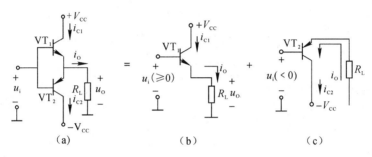

图 1.8.1 乙类互补推挽功率放大电路

2）主要指标计算

(1) 输出功率。

设输出电压的幅值为 $U_{o\,max}$，电流的幅值为 $I_{o\,max}$，则输出功率为

$$P_o = U_o I_o = \frac{1}{2} U_{o\,max} I_{o\,max} = \frac{U_{o\,max}^2}{2R_L} \tag{1.8.1}$$

如果输入信号足够大，使输出电压的幅值达到最大值$(V_{CC} - U_{CES})$，则输出功率也达到最大值，即

$$P_{o\,max} = \frac{(V_{CC} - U_{CES})^2}{2R_L} \tag{1.8.2a}$$

当晶体管的饱和压降 U_{CES} 可以忽略时，输出功率的最大值为

$$P_{o\,max} = \frac{V_{CC}^2}{2R_L} \tag{1.8.2b}$$

(2) 电源供给的功率。

两个电源供给的总电源功率应是

$$P_V = 2V_{CC} I_C = \frac{2}{\pi} \frac{V_{CC} U_{o\,max}}{R_L} \tag{1.8.3a}$$

若输出电压为最大值$(V_{CC} - U_{CES})$，则电源总功率的最大值为

$$P_V = \frac{2}{\pi} \frac{V_{CC}(V_{CC} - U_{CES})}{R_L} \approx \frac{2}{\pi} \frac{V_{CC}^2}{R_L} \tag{1.8.3b}$$

（3）能量转换效率。

直流电源提供的直流功率转换成交流输出功率的效率为

$$\eta = \frac{P_o}{P_V} = \frac{\frac{1}{2}\frac{U_{o\,max}^2}{R_L}}{\frac{2}{\pi}\frac{U_{o\,max}V_{CC}}{R_L}} = \frac{\pi}{4}\frac{U_{o\,max}}{V_{CC}} \tag{1.8.4}$$

上式表明，能量转换效率与输出电压大小有关。当信号足够大时，则能量转换效率最大，即

$$\eta_{o\,max} = \frac{\pi}{4}\frac{(V_{CC}-U_{CES})}{V_{CC}} \approx \frac{\pi}{4} = 78.5\% \tag{1.8.5}$$

（4）晶体管的耗散功率。

电源提供的功率一部分转换为输出功率，另一部分则消耗在晶体管上，故晶体管的耗散功率为

$$P_T = P_V - P_o = \frac{2}{\pi}\frac{V_{CC}U_{o\,max}}{R_L} - \frac{1}{2}\frac{U_{o\,max}^2}{R_L} \tag{1.8.6}$$

最大耗散功率时的输出电压幅值为

$$U_{max} = \frac{2}{\pi}V_{CC} \tag{1.8.7}$$

两只晶体管总的最大耗散功率为

$$P_{Tmax} = \frac{2}{\pi^2}\frac{V_{CC}^2}{R_L} \approx 0.4P_{o\,max} \tag{1.8.8}$$

3）功率管的选择

一般功率管的工作电压、电流都比较大，使用时必须满足极限参数的要求，并留有一定裕量。在互补推挽电路中，功率管的极限参数必须满足以下关系：

（1）集电极最大允许功率损耗必须满足 $P_{CM} \geqslant 0.2P_{o\,max}$，以防晶体管集电结发热而损坏。

（2）在互补推挽电路中，当一只晶体管导通时，另一只晶体管截止。导通后负载的最大电压幅值近似为 V_{CC}，而截止管的集电极电压为电源电压，所以截止的晶体管发射极与集电极之间承受的最高电压近似等于 $2V_{CC}$，因此，要求功率管的击穿电压 $|U_{(BR)CEO}| > 2V_{CC}$。

（3）由于导通管集电极最大可能流过的电流近似等于 V_{CC}/R_L，所以集电极最大允许电流 I_{CM} 不能低于此值，否则电流过大将使晶体管的放大能力变差。

2. 甲乙类互补推挽功率放大电路

为了克服乙类互补推挽放大电路的交越失真，通常给功率管 VT_1 和 VT_2 提供一定的直流偏置，使其工作在甲乙类状态，即采用了甲乙类互补推挽功率放大电路。利用二极管提供偏置电压的甲乙类互补推挽功率放大电路如图1.8.2(a)所示。利用 VT_3 的集电极电流在二极管（VD_1 和 VD_2）上产生的正向压降给晶体管（VT_1 和 VT_2）提供了一个适当的偏压，使之处于微导通状态，其静态电流很小，并且 $i_0 = I_{C1} - I_{C2} \approx 0$，$u_0 \approx 0$。

当有信号输入时，因二极管 VD_1 和 VD_2 的交流电阻比 R_C 小得多，所以认为 VT_1 和 VT_2 的基极交流电位相等，两只晶体管在信号过零点附近同时导通，i_{C1} 和 i_{C2} 的波形如图1.8.2(b)所示。虽然此时流过每只晶体管的电流波形只是略大于半个周期的正弦波，但由于 $i_0 = i_{C1} - i_{C2}$，使输出电流波形接近于正弦波，从而克服了交越失真。

图 1.8.3 是另一种偏置方式的甲乙类互补推挽功率放大电路。图中晶体管 VT_3、电阻 R_2 和 R_3 组成 U_{BE} 扩大电路。由于流入 VT_3 基极的电流远小于流过电阻 R_2 和 R_3 的电流，而 VT_3 的 U_{BE3} 基本不变（硅管约为 $0.7\,V$），所以可得 $U_{B1B2} = U_{BE3}(1 + R_2/R_3)$，调节电阻 R_2 即可改变两个晶体管 VT_1 和 VT_2 发射结的偏置电压。

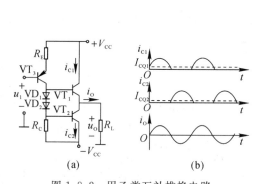

图 1.8.2 甲乙类互补推挽电路

（a）电路工作原理图；（b）输出波形

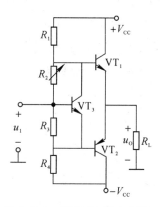

图 1.8.3 利用 U_{BE} 扩大电路
实现偏置的功放电路

3. 前置级为运放的功率放大电路

利用运算放大器组成的负反馈电路很容易满足深度负反馈条件这一特性，可以组成性能稳定的各种负反馈放大电路。然而，通用运算放大器的最大输出电流（约 $10\,mA$）比较小，不能满足大功率负载的需求。为了提高电路的输出功率，可将运算放大器与功率放大电路结合组成如图 1.8.4 所示的功率放大电路。由于电路中引入了电压并联负反馈，从而提高了功率放大电路的稳定性。由图可知，该电路的闭环电压增益 $\dot{A}_{uf} \approx -R_2/R_1$。

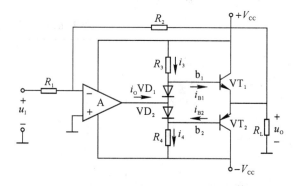

图 1.8.4 运放为前置级的功率放大电路

1.8.2 集成功率放大器

以上由分立元件组成的各种功率放大电路在实际应用时，需要引入深度负反馈以改善频率特性、减小非线性失真。因此，电路趋于复杂。而随着集成电路的发展，大量的专业及民用设备都采用了集成功率放大器。集成功率放大器的种类很多，常用的低频集成功放有 LM386、LM380、TDA2003 和 TDA2006 等。

1. LM386 原理电路与应用

LM386 为低电压应用设计的音频功率放大器。该集成电路由于外接元件少、电源电压 V_{CC} 使用范围宽($V_{CC}=4\sim12$ V)、静态功耗低($V_{CC}=6$ V 时为 24 mW),因而在便携式电子设备中得到广泛应用。此外,该芯片也适用于调幅-调频无线电放大器、电视音频系统、线性驱动器、超声波驱动器和功率变换等电路。

图 1.8.5 是 LM386 的外形和管脚说明,其典型应用电路如图 1.8.6 所示。改变电阻 R_2 可以改变 LM386 的电压增益。

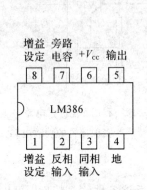

图 1.8.5 LM386 的外形和管脚说明

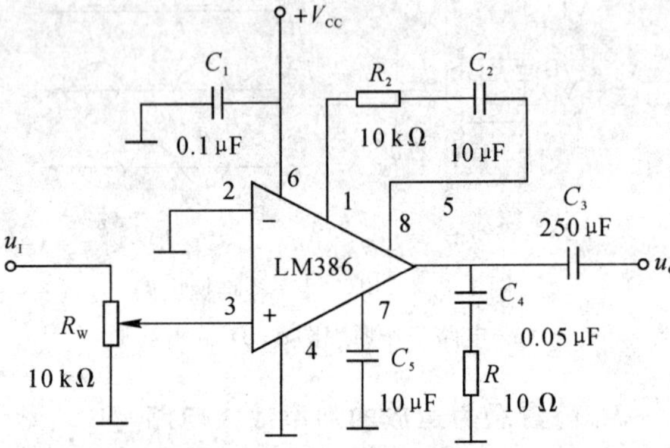

图 1.8.6 LM386 典型应用电路

2. TDA2003 简介

TDA2003 集成功率放大器的主要特点是电流输出能力强,谐波失真小,各引脚都有交直流保护,使用安全,可以用于汽车音响等电路。图 1.8.7 是集成功放电路 TDA2003 的引脚说明图和外形图,表 1.8.1 是它的管脚说明。

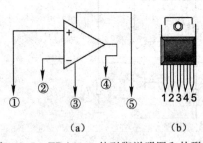

图 1.8.7 TDA2003 的引脚说明图和外形图
(a) 引脚说明图;(b) 书外形图

表 1.8.1 TDA2003 管脚说明

引脚序号	符号	端子名称
1	+IN	同相输入端
2	-IN	反相输入端
3	GND	地
4	OUT	输出
5	V_{CC}	电源

TDA2003 集成功率放大器的电源电压范围在 8~18 V 之间;其静态输出电压的典型值为 6.9 V;在输出信号失真度为 10% 时,典型输出功率为 6 W($f=1$ kHz,$R_L=8$ Ω)。当输出功率 $P_o=1$ W 且负载 $R_L=4$ Ω 时,频带宽度为 40~15000 Hz,而闭环增益约为 40 dB。芯片效率约在 65%~69% 之间(与输出功率和负载大小有关)。表 1.8.2 是 TDA2003 芯片的极限参数。

表 1.8.2　TDA2003 极限参数 ($T_a = 25\ ℃$)

参数名称	符号	参数值	单位
峰值电源电压(50 ms)	V_{CC}	40	V
直流电源电压	V_{CC}	28	V
工作电源电压	V_{CC}	18	V
输出峰值电流(重复)	I_O	3.5	A
输出峰值电流(非重复)	I_O	4.5	A
功耗($T_a = 90\ ℃$)	P_D	20	W
工作环境温度	T_{opz}	$-30 \sim +75$	℃
储存温度、结温	T_{stg}, T_j	$-40 \sim +150$	℃

注：峰值电源电压(50 ms)指在 50 ms 内芯片能承受的最大电压值；直流电源电压是指芯片的最大直流电压值。

　　图 1.8.8 是 TDA2003 的典型应用电路和推荐的元器件参数。其中，C_1 为耦合电容；C_2 是抑制纹波电容；C_4 是输出电容，其推荐值为 1000 μF，如果比推荐值小，下限截止频率会升高；R_3 和 C_5 的作用是提高频率的稳定性；电阻 R_X 和电容 C_X 决定电路的上限截止频率，其推荐值由 $R_X = 20R_2$ 与 $C_X \approx 1/(2\pi B \cdot R_1)$ 关系式确定，其中 B 是带宽；电阻 R_1 用来设置增益，其推荐值由 $R_1 = (A_u - 1)R_2$ 关系式决定。

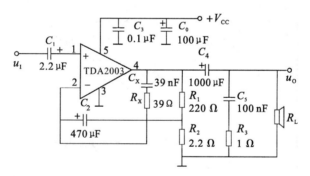

图 1.8.8　TDA2003 典型应用电路

1.9　直流稳压电源

🔜 教学目标

　　(1) 熟悉直流稳压电源的组成、工作原理及特点；
　　(2) 熟悉直流稳压电源主要性能指标的计算方法。

🔜 教学建议

　　以讲授、自学、课堂讨论等多种方法组织教学。

1.9.1 直流稳压电源的组成

直流稳压电源一般包括以下几部分：

(1) 电源变压器将电网供给的交流电压变换为符合整流电路需要的交流电压；

(2) 整流电路将变压器次级交流电压变换为单向脉动的直流电压；

(3) 滤波电路将脉动的直流电压变换为平滑的直流电压；

(4) 稳压电路使直流输出电压稳定。

直流稳压电源的组成方框如图 1.9.1 所示。

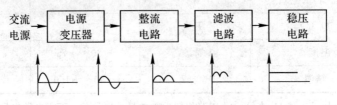

图 1.9.1 直流稳压电源的方框图

1.9.2 单相整流及电容滤波电路

1. 单相桥式整流电路的输出电压

在小功率电子设备中，使用较多的桥式整流电路如图 1.9.2 所示，它是利用二极管的单向导电性将交流电压变换成单向脉动的直流电压。

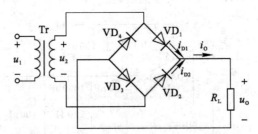

图 1.9.2 纯电阻负载单相桥式整流电路

整流输出直流电压 U_O 为

$$U_O = \frac{2\sqrt{2}}{\pi} U_2 = 0.9U_2 \tag{1.9.1}$$

式中，U_2 是变压器次级电压的有效值。

2. 整流二极管的主要参数选择

1) 整流二极管的正向平均电流 I_D

由于二极管 VD_1、VD_3 和 VD_2、VD_4 是两两轮流导通的，其导通时间是交流电源周期的一半。所以，二极管的正向平均电流 I_D 等于输出直流电流 I_O 的一半，即

$$I_D = \frac{I_O}{2} = \frac{U_O}{2R_L} = \frac{0.9U_2}{2R_L} = \frac{0.45U_2}{R_L} \tag{1.9.2}$$

在选择整流二极管时，其额定整流电流 I_F 应大于 I_D。

2）整流二极管的最高反向电压 U_{RM}

由于二极管 VD₂、VD₄ 导通时，VD₁、VD₃ 截止。此时，VD₁、VD₃ 所承受的最高反向电压为变压器次级电压的最大值，即

$$U_{RM}=\sqrt{2}U_2 \tag{1.9.3}$$

在选择整流二极管时，其最高允许反向工作电压 U_R 应大于 U_{RM}。

3. 电容滤波电路

电容滤波电路一方面是利用电容器在电路中的储能作用，当电源电压增加时，电容把电能储存在电场中；当电源电压减小时，电容又把储存在电场中的电能逐渐释放出来。另一方面，利用电容器对不同频率有不同电抗的特性组成低通滤波电路，从而减小了输出电压中的纹波，使输出电压的波形变得比较平滑。最简单的电容滤波电路，就是在整流电路的输出端并联一个电容器。单相桥式整流电容滤波电路如图 1.9.3 所示。

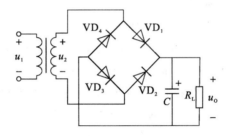

图 1.9.3　单相桥式整流电容滤波电路

当负载电阻两端没有并联滤波电容器时，桥式整流电路输出电压波形如图 1.9.4(b)所示，图 1.9.4(a)是变压器次级的交流电压波形。当负载电阻两端并联滤波电容器时，设电容两端初始电压为零，且在交流电压 u_2 过零的时刻接通交流电源，u_2 从零开始上升。二极管 VD₁、VD₃ 导通，一方面给负载供电，同时对电容器 C 充电。由于二极管的正向导通电

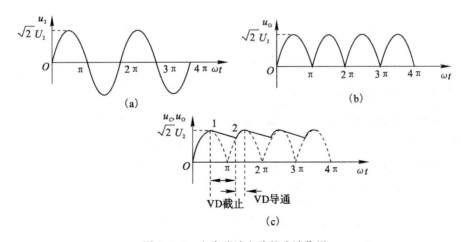

图 1.9.4　电容滤波电路的滤波作用

(a)变压器次级的交流电压波形；(b)未接电容器时的整流电路输出电压波形；

(c)接入电容器后的整流电路输出电压波形

阻和变压器的等效电阻都很小(在此假设为零)，所以充电时间常数很小，电容器充电电压随电源电压 u_2 的上升而上升，这就是图1.9.4(c)中的 0～1 段。在点 1 处，u_2 达到了最大值。过了这一点之后，电源电压 u_2 开始下降，电容器向负载电阻放电。由于放电时间常数 $\tau=CR_L$ 很大，所以电容器两端电压下降的速度比电源电压 u_2 的下降速度慢很多。在这个过程中，电容器上的电压 u_C 将大于此时的电源电压 u_2。从图 1.9.4(c)可以看出：在 u_C 大于 u_2 时，四个二极管都将承受反向电压而截止。此时，负载电阻 R_L 两端电压靠电容器 C 的放电电流来维持。当电容器放电到图1.9.4(c)中所示的点 2 时，u_2 的负半周又可使 VD$_2$、VD$_4$ 导通，电容器又被充电，充到 u_2 的最大值后，又进行放电。如此反复进行，电容器端电压波形如图 1.9.4(c)所示。可见，整流电路加了滤波电容之后，输出电压的波形比没有滤波电容时平滑的多了。

4. 电容滤波电路的外特性及主要参数估计

1) 电容滤波电路的外特性

输出电压 U_O 随输出电流 I_O 的变化规律称为外特性，如图 1.9.5 所示。由图可见，当负载电流为零时(负载电阻等于无穷大)，输出电压 U_O 等于电源电压 u_2 的峰值；当电容 C 一定时，输出电压随负载电流增加而减小；当负载电流一定时，输出电压随电容 C 的减小而减小；当电容 C 为零时，输出电压 U_O 等于 $0.9U_2$。电容滤波电路的输出电压平均值受负载变化的影响比较大(即外特性差)。因此，电容滤波电路只适用于负载电流比较小或者负载电流基本不变的场合。

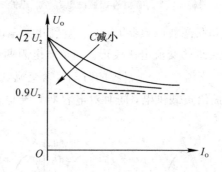

图 1.9.5　电容滤波电路的外特性

2) 输出电压平均值

桥式整流电容滤波电路空载时输出电压的平均值最大，其值等于 $\sqrt{2}U_2$；当电容 C 为零时，输出电压平均值最小，其值等于 $0.9U_2$；当电容 C 不为零，且电路不空载时，输出电压的平均值取决于放电时间常数的大小，其值在上述二者之间。

工程上通常按经验公式计算，即放电时间常数为

$$\tau=CR_L\geqslant(3\sim5)\frac{T}{2} \qquad (1.9.4)$$

则输出电压平均值为

$$U_{O(AV)}=(1.1\sim1.4)U_2 \qquad (1.9.5)$$

式中，T 是电源电压的周期。在估算输出电压平均值时，当放电时间常数较小时，取下限；

当放电时间常数较大时，则取上限；一般按 $U_{O(AV)} = 1.2\,U_2$ 估算。

3）输出电流平均值

输出电流平均值为

$$I_{O(AV)} = \frac{U_{O(AV)}}{R_L} = (1.1 \sim 1.4)\frac{U_2}{R_L} \approx 1.2\,\frac{U_2}{R_L} \tag{1.9.6}$$

4）整流二极管的平均电流

电路中流过二极管的平均电流是负载平均电流的一半，即

$$I_{D(AV)} = \frac{I_{O(AV)}}{2} = \frac{U_{O(AV)}}{2R_L} \approx 0.6\,\frac{U_2}{R_L} \tag{1.9.7}$$

桥式整流电容滤波电路与没有滤波电容时的情况相比，流过二极管的平均电流增加了。在电源接通的瞬间，由于电容端电压为零，将有更大的冲击电流流过二极管，可能导致二极管损坏。因此，在选用二极管时，其额定整流电流应留有充分的裕量。

5）整流二极管的最高反向电压

在桥式整流电容滤波电路中，当二极管截止时承受的最高反向电压仍为 $U_{RM} = \sqrt{2}\,U_2$。

1.9.3　串联反馈型线性稳压电路

1. 串联反馈型线性稳压电路组成

串联反馈型稳压电路如图 1.9.6 所示。由稳压管 V_{Dz} 和限流电阻 R 组成的稳压电路称为基准环节，它获得基准电压 U_{ref}；由 R_1、R_W 和 R_2 组成的反馈网络称为取样环节，它将输出电压的变化样本提取出来，获得反馈电压 U_f；运算放大器 A 称为比较放大环节，它将反馈电压与基准电压之差值放大后获得控制电压 U_B；晶体管 VT 组成的射极输出器称为调整环节，它接受比较放大环节所产生的控制电压 U_B 的控制，系统构成负反馈，从而实现对输出电压的调整。由于调整环节与负载电阻串联，故称之为串联反馈型稳压电路。

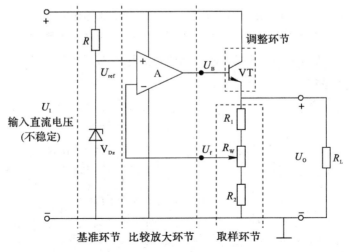

图 1.9.6　串联反馈型稳压电路

2. 输出电压及其调节范围的确定

当 R_w 的滑动端在最上端位置时，可得输出电压最小值

$$U_{\mathrm{O\,min}}=\frac{R_1+R_\mathrm{w}+R_2}{R_2+R_\mathrm{w}}U_{\mathrm{ref}} \tag{1.9.8}$$

当 R_w 的滑动端在最下端位置时，可得输出电压最大值

$$U_{\mathrm{O\,max}}=\frac{R_1+R_\mathrm{w}+R_2}{R_2}U_{\mathrm{ref}} \tag{1.9.9}$$

3. 固定式集成三端稳压器

固定式集成三端稳压器有 78××（输出正电压）和 79××（输出负电压）两个系列，型号后面两位数字表示输出电压的标称值，分 5 V、6 V、9 V、12 V、15 V 和 24 V 等多种。最大输出电流在 0.1~1.5 A 有三挡，例如 78×× 最大输出电流为 1~1.5 A、78 M×× 最大输出电流为 0.5 A 、78 L×× 最大输出电流为 0.1 A。

固定式集成三端稳压器的典型接法如图 1.9.7 所示。图中，C_1 可以防止由输入引线较长所带来的电感效应而产生的自激振荡。C_2 用来减小由于负载电流瞬时变化而引起的高频干扰。C_3 为容量较大的电解电容，用来进一步减小输出纹波和低频干扰。

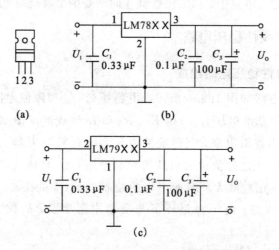

图 1.9.7　固定式集成三端稳压器的典型接法

(a) 外形图；(b) 78×× 系列典型接法；(c) 79×× 系列典型接法

实际应用中，可用 78×× 和 79×× 系列的集成稳压器组成如图 1.9.8 所示的具有正、负对称输出的稳压电路。

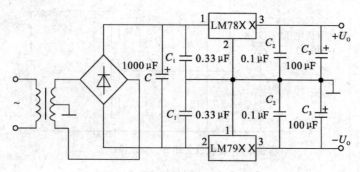

图 1.9.8　输出正、负电压的稳压电路

当所需要的输出电压大于稳压器的标称输出电压时，可采用如图 1.9.9(a)所示的输出电压扩展电路。则稳压电路的输出电压为 $U_O \approx (1 + R_2/R_1)U_O'$。

当所需要的输出电流大于稳压器的标称输出电流时，可采用如图 1.9.9(b)所示的输出电流扩展电路。图中 VT 为扩流晶体管，输出总电流 $I_O = I_c + I_O'$。

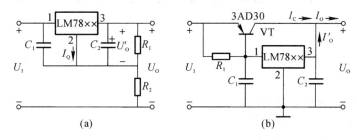

图 1.9.9　固定式集成三端稳压器的输出扩展电路

(a) 输出电压扩展电路；(b) 输出电流扩展电路

第 2 章　模拟电路的设计与制作

➡ **教学目标**

(1) 熟悉模拟电路的设计方法；

(2) 熟悉模拟电路的搭建与调试方法；

(3) 熟悉模拟电路的测试方法。

➡ **教学建议**

以讲授、自学、课堂讨论等多种方法组织教学。

2.1　单管共射极放大电路的设计与制作

1. 任务要求

(1) 设计一具有 Q 点稳定的单管共射极放大电路。

(2) 计算、选取元器件参数。已知条件：$V_{CC}=12$ V，$R_L=2.4$ kΩ，$R_s=50$ Ω，β 在 50～110 之间选取，$U_i=10$ mV(有效值)。

(3) 设计电路需满足的性能指标：$A_u \geqslant 30$，$R_i \geqslant 1$ kΩ，$R_o \leqslant 2$ kΩ，$f_L \leqslant 200$ Hz，$f_H=50$ kHz。

(4) 自己设计电路。

(5) 自选元器件。

(6) 自搭电路。

(7) 自拟实验步骤及测量参数。

2. 单管共射极放大电路设计(参考)

1) 参考电路

根据设计任务要求，选择电路如图 2.1.1 所示。

2) 参数选择

(1) 静态工作点与电路参数之间的关系。

为了使放大电路静态工作点稳定，必须满足以下条件：

$$I_1 \gg I_{BQ}, U_{BQ} \gg U_{BEQ}$$

一般取 $\begin{cases} I_1=(5\sim10)I_{BQ}(\text{硅管}) \\ I_1=(10\sim20)I_{BQ}(\text{锗管}) \end{cases}$

$$U_{BQ}=(5\sim10)U_{BEQ} \begin{cases} U_{BQ}=(3\sim5)\text{V}(\text{硅管}) \\ U_{BQ}=(1\sim3)\text{V}(\text{锗管}) \end{cases}$$

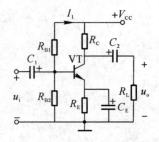

图 2.1.1　单管共射极放大电路

由图可知：

$$\begin{cases} U_{BQ} = \dfrac{R_{B2}}{R_{B1}+R_{B2}} V_{CC} \\[2mm] I_{EQ} = \dfrac{U_{BQ}-U_{BEQ}}{R_E} \approx I_{CQ} \\[2mm] U_{CEQ} = V_{CC} - I_{CQ}(R_E+R_C) \end{cases}$$

（2）动态指标与电路参数之间的关系。

$$A_u = \frac{U_o}{U_i} = -\frac{\beta R_L'}{r_{be}},$$

$$R_L' = R_C /\!/ R_L$$

$$r_{be} = r_{bb'} + (1+\beta)\frac{26}{I_{EQ}} \quad (r_{bb'} = 300\ \Omega)$$

$$R_i = R_{B1} /\!/ R_{B2} /\!/ r_{be}$$

上限截止频率 f_H 受三极管结电容影响，下限截止频率 f_L 与耦合电容 C_1、C_2、C_E 有关：

$$f_{L1} = \frac{1}{2\pi(R_s + r_{be})\dfrac{C_1 \times C_E'}{C_1 + C'}}$$

式中，$C_E' = \dfrac{C_E}{1+\beta}$。

$$f_{L2} = \frac{1}{2\pi(R_C+R_L)C_2}$$

通常 $f_{L1} \gg f_{L2}$，取 $f_L \approx f_{L1}$。

$$U_{op-p} = \min\left[2(U_{CEQ}-U_{CES}),\ 2I_{CQ}R_L'\right]$$

（3）晶体管选择。

因放大器上限截止频率要求较高，故选用高频小功率管 3DG6，其极限参数为：$f_T \geqslant 150$ MHz，$I_{CM} = 20$ mA，$P_{CM} = 100$ mW，$U_{(BR)CEO} \geqslant 20$ V，选取 $\beta = 50$。

（4）R_{B1}、R_{B2}、R_E、R_C 参数选择。

① 根据 $R_i > 1$ kΩ，$r_{be} \approx 300 + (1+\beta)\dfrac{26}{I_{EQ}}$ 等关系可得

$$I_{CQ} \approx I_{EQ}$$

$$I_{CQ} < \frac{\beta \times 26}{r_{be} - r_{bb'}} = \frac{50 \times 26}{1000 - 300} = \frac{1300}{700} = 1.86\ (mA)$$

为了保证 $r_{be} > 1$ kΩ，选取 $I_{CQ} = 1.3$ mA，并取 $U_{BQ} = 3$ V。则

$$R_E = \frac{U_{BQ} - U_{BEQ}}{I_{CQ}} = \frac{3 - 0.7}{1.3} = 1.77\ (k\Omega)$$

取标称（E24 系列）值 $R_E = 1.8$ kΩ，功率 1/8 W。

② 根据 $I_1 \gg I_{BQ}$ 的要求选择

$$I_1 = 10\ I_{BQ} = \frac{10\ I_{CQ}}{\beta} = \frac{10 \times 1.3}{50} = 0.26\ (mA)$$

则

$$R_{B2} = \frac{U_{BQ}}{I_1} = \frac{3}{0.26} = 11.5\ (k\Omega)$$

取标称值 $R_{B2} = 12$ kΩ。

$$R_{B1} = \frac{V_{CC} - U_{BQ}}{I_1} = \frac{12 - 3}{0.26} = 34.6 \text{ （k\Omega）}$$

取 R_{B1} 为 12 kΩ 电阻与 47 kΩ 电位器相串联调整工作点。

③ 根据已选取的 $I_{CQ}(=1.3 \text{ mA})$ 验算 r_{be} 如下：

$$r_{be} = 300 + 51 \times \frac{26}{1.3} = 1.3 \text{ （k\Omega）}$$

根据 $|A_u| > 30$，$|A_u| = \frac{\beta R'_L}{r_{be}}$，$R_L = 2.4 \text{ k}\Omega$，$r_{be} = 1.3 \text{ k}\Omega$，$\beta = 50$ 等关系可得

$$R'_L > \frac{A_u \times r_{be}}{\beta} = \frac{30 \times 1.3}{50} = 0.78 \text{ （k\Omega）}$$

又因

$$R'_L = \frac{R_C R_L}{R_C + R_L}$$

所以

$$R_C = \frac{R'_L R_L}{R_L - R'_L} = \frac{0.78 \times 2.4}{2.4 - 0.78} = 1.15 \text{ （k\Omega）}$$

取标称值 $R_C = 1.2 \text{ k}\Omega$。

（5）验算 A_u、R_i、R_o 及 $U_{op\text{-}p}$ 等指标。

$$A_u = -\frac{\beta R'_L}{r_{be}} = -\frac{50 \times \frac{1.2 \times 2.4}{1.2 + 2.4}}{1.3} = -31$$

$$R_i \approx r_{be} = 1.3 \text{ （k\Omega）}, \quad R_o = R_C = 1.2 \text{ （k\Omega）}$$

$$U_{CEQ} = V_{CC} - I_{CQ}(R_C + R_E) = 12 - 1.3 \times 3 = 8.1 \text{ （V）}$$

$$I_{CQ} R'_L = 1.3 \times \frac{1.2 \times 2.4}{1.2 + 2.4} = 1.04 \text{ （V）}$$

$$U_{op\text{-}p} = 2I_{CQ} R'_L = 2.08 \text{ （V）}$$

$$U_o = A_u U_i = 30 \times 10 = 300 \text{ （mV）}$$

$$2\sqrt{2} U_o = 868 \text{ mV} < U_{op-p}$$

因此 A_u、R_i、R_o、U_{op-p} 都满足设计要求。

（6）C_1、C_2、C_E 的选择及 f_L 的验算。

根据经验选择 $C_1 = C_2 = 10 \text{ }\mu\text{F}$，$C_E = 50 \text{ }\mu\text{F}$，验算 f_L 是否满足要求：

$$f_{L1} = \frac{1}{2\pi(R_s + r_{be})\frac{C_1 \times C'_E}{C_1 + C'_E}} = \frac{1}{6.28 \times 1.3 \times 10^3 \times 1 \times 10^{-6}} = 122.5 \text{ （Hz）}$$

$$f_{L2} = \frac{1}{2\pi(R_C + R_L)C_2} = \frac{1}{6.28 \times 3.6 \times 10^3 \times 10 \times 10^{-6}} = 4.4 \text{ （Hz）}$$

$f_L \approx f_{L1} = 122.5 \text{ Hz} < 200 \text{ Hz}$，满足设计要求。

2.2 多级放大电路的设计与制作

1. 任务要求

（1）设计一阻容耦合多级（两级）放大电路。

（2）计算、选取元器件参数。已知条件：$V_{CC}=12$ V，$R_L=2.2$ kΩ，$R_s=50$ Ω，3DG6 三极管 $\beta=50\sim110$，$I_{C1Q}=1.3$ mA，$I_{C2Q}=4.9$ mA。

（3）设计电路需满足的性能指标：$A_u\geqslant10^3$，$R_i>1$ kΩ，$R_o\leqslant1$ kΩ，$f_L\leqslant200$ Hz，$f_H=50\sim100$ kHz。

（4）自己设计电路。

（5）自选元器件。

（6）自搭电路。

（7）自拟实验步骤及测量参数。

2. 多级放大电路的设计（参考）

1）参考电路

根据设计任务要求，选择电路如图 2.2.1 所示。

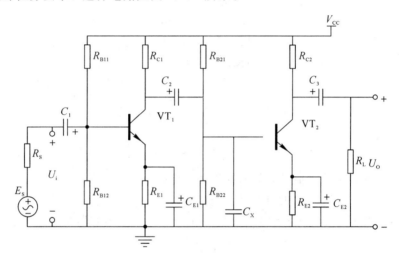

图 2.2.1　多级放大电路原理图

2）参数选择

（1）第一级放大电路继承单管放大电路设计的参数。

$$\begin{cases} R_{B12}=12\text{ kΩ}，R_{B11}=12\text{ kΩ}+47\text{ kΩ 电位器}，R_{C1}=1.2\text{ kΩ}，R_{E1}=1.8\text{ kΩ} \\ \beta_1=50，I_{C1Q}=1.3\text{ mA}，C_1=C_2=10\ \mu\text{F}，C_{E1}=50\ \mu\text{F} \\ R_i=1.3\text{ kΩ}>1\text{ kΩ}，满足设计要求 \end{cases}$$

（2）选择第二级电路参数。

根据设计条件，$I_{C2Q}=4.9$ mA，选取 $\beta=70$，$U_{B2Q}=3$ V，可得

$$R_{E2}=\frac{U_{B2Q}-U_{BE2Q}}{I_{C2Q}}=\frac{3-0.7}{4.9}\approx470\ (\Omega)$$

由 $I_1\gg I_{BQ}$ 的条件可得

$$R_{B22}=\frac{U_{B2Q}}{\dfrac{I_{C2Q}}{\beta_2}\times10}=\frac{3}{\dfrac{4.9}{70}\times10}\approx4.3\ (\text{kΩ})$$

取标称值 $R_{B22}=5.1$ kΩ。

$$R_{B21} = \frac{V_{CC} - U_{B2Q}}{U_{B2Q}/R_{B22}} = \frac{9}{0.6} = 15 \ (\text{k}\Omega)$$

取 $R_{B21} = 5.1 \ \text{k}\Omega + 47 \ \text{k}\Omega$（可变电阻）为调整工作点。

根据 $R_o \leqslant 1 \ \text{k}\Omega$，可直接确定 $R_{C2} \leqslant 1 \ \text{k}\Omega$。

（3）验算动态指标。

由 $I_{C2Q} = 4.9 \ \text{mA}$，$\beta = 70$，可算出

$$r_{be2} = r'_{bb2} + (1+\beta)\frac{U_T}{|I_{E2Q}|} = 300 + 71 \times \frac{26}{4.9} = 0.67 \ (\text{k}\Omega)$$

$$R_{i2} = R_{B22} /\!/ R_{B21} /\!/ r_{be2} \approx 0.57 \ (\text{k}\Omega)$$

$$A_{u1} = -\frac{\beta_1 R_{C1} /\!/ R_{i2}}{r_{be1}} = -\frac{50 \times \dfrac{1.2 \times 0.57}{1.2 + 0.57}}{1.3} \approx -15$$

$$A_{u2} = \frac{-\beta R_{C2} /\!/ R_L}{r_{be}} = -\frac{70 \times 1 /\!/ 2}{0.67} \approx -72$$

$$A_u = A_{u1} A_{u2} = 15 \times 72 = 1080 > 1000$$

$$R_o = R_{C2} = 1 \ (\text{k}\Omega), \quad R_i = r_{be1} = 1.3 \ (\text{k}\Omega)$$

$$U_{CE2Q} = V_{CC} - I_{C2Q}(R_{C2} + R_{E2}) = 12 - 4.9 \times 1.47 = 4.8 \ (\text{V})$$

$$I_{C2Q} R'_L = 4.9 \times \frac{1 \times 2.2}{1 + 2.2} = 3.4 \ (\text{V})$$

$$U_{op-p} = 2 I_{C2Q} R'_L = 6.8 \ (\text{V}), \quad U_{ip-p} = \frac{U_{op-p}}{A_u} = 6.3 \ (\text{mV})$$

即本放大器最大允许的输入信号有效值约为 2.2 mV。

（4）C_1、C_2、C_3、C_{E1}、C_{E2} 的选择及 f_L 的验算。

根据经验选择 $C_1 = C_2 = C_3 = 10 \ \mu\text{F}$，$C_{E1} = C_{E2} = 50 \ \mu\text{F}$，电容器耐压应大于 16 V。

$$f_L = 1.15 \sqrt{f_{L1}^2 + f_{L2}^2}$$
$$f_L = 122.5 \ \text{Hz}$$

由单级放大电路设计所得

$$f_{L2} = \frac{1}{2\pi (R_{C1} + r_{be}) \dfrac{C_2 \times C'_{E2}}{C_2 + C'_{E2}}} = 127 \ (\text{Hz})$$

取 $f_L \approx 202 \ \text{Hz}$，基本满足设计要求。

（5）上限截止频率 f_H。

由于 3DG6 三极管的特征频率 $f_T \geqslant 150 \ \text{MHz}$，$f_\beta \approx f_T/\beta$。故该管的共射极截止频率 f_β 计算如下：

当 $\beta_1 = 50$，$\beta_2 = 70$ 时，则 $f_{\beta1} = 3 \ \text{MHz}$，$f_{\beta2} = 2.1 \ \text{MHz}$。

为了满足 $f_H = 50 \ \text{kHz}$ 的要求，必须给放大电路中增加 RC 校正网络。由于第二级输入端的等效电阻 $R_{C1} /\!/ R_{B21} /\!/ R_{B22} /\!/ r_{be2} \approx 0.4 \ \text{k}\Omega$，此处是整个放大电路阻抗最低处，若在此并接电容器 C_X 将会使 f_H 满足要求。C_X 的大小为

$$C_X = \frac{1}{2\pi f_H (R_{C1} /\!/ R_{B21} /\!/ R_{B22} /\!/ r_{be2})} \approx 7960 \ (\text{pF})$$

若取 $C_X = 6800 \ \text{pF}$，可得 $f_H = 58.5 \ \text{kHz}$。

2.3　负反馈放大电路的设计与制作

1. 任务要求

(1) 在多级放大电路设计的基础上，引入级间电压串联负反馈。

(2) 计算、选取元器件参数。已知条件：$V_{CC}=12$ V，$R_L=2.2$ kΩ，$R_s=50$ Ω，3DG6 三极管 $\beta=50\sim110$，$I_{C1Q}=1.3$ mA，$I_{C2Q}=4.9$ mA。

(3) 设计电路需满足的性能指标：$A_{uf}\approx100$，$R_{if}>10$ kΩ，$R_{of}<100$ Ω，$f_{Lf}\leqslant30$ Hz，$f_{Hf}\approx500$ kHz。

(4) 自己设计电路。

(5) 自选元器件。

(6) 自搭电路。

(7) 自拟实验步骤及测量参数。

2. 负反馈放大电路的设计(参考)

1) 参考电路

根据设计任务要求，选择电路如图 2.3.1 所示。

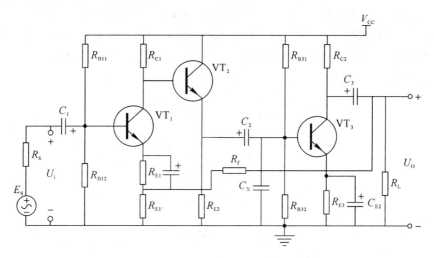

图 2.3.1　负反馈放大电路

2) 参数选择

本设计继承多级放大电路设计，则负反馈电路的开环增益为

$$A_u=A_{u1}A_{u2}=1080\approx1000$$

由设计要求可知 $A_{uf}\approx100$，而 $A_u=1000$，即

$$|1+A_uF_u|=\frac{|A_u|}{|A_{uf}|}=10$$

满足深反馈条件，因而得到

$$F_u=\frac{1}{A_{uf}}=\frac{1}{100}$$

反馈网络结构如图 2.3.2 所示。

反馈网络的引入将对开环放大倍数有一定的影响，如果 R_f 太小将会使 R'_L 变小，从而使开环增益下降，所以 R_f 应尽量大；如果 R'_{E1} 太大将会使第一级放大倍数变得非常小，也会使开环增益下降，所以 R'_{E1} 应尽量小些。多级放大电路末级等效负载 $R'_L = R_{C2} /\!/ R_L \approx 0.7$ kΩ，当 $R_f = 20$ kΩ，$R'_{E1} = 0.2$ kΩ 时，既能满足 F_u 的要求，又不影响末级的负载电阻。

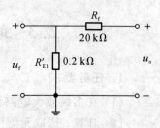

图 2.3.2 反馈网络

为了简化设计过程，R'_{E1} 的引入应不影响原设计的 I_{C1Q} 值，所以，把原设计中的 R_E 分为 R_{E1} 和 R'_{E1} 两个部分，旁路电容 C_{E1} 并联到 R_{E1} 两端，$R_{E1} = 1.8 - 0.2 = 1.6$ kΩ。

（1）验算开环增益 A_u。

第一级的交流通路如图 2.3.3 所示。

$$|A_{u1}| = \frac{\beta_1 R_{C1} /\!/ R_{i2}}{r_{be1} + (1+\beta)R'_{E1}} \approx 1.6$$

引入 R'_{E1} 后使 A_{u1} 几乎为原设计的 $1/10$，要提高 A_{u1} 必须提高 $R_{C1} /\!/ R_{i2}$ 的等效阻值。因 $(1+\beta)R'_{E1} \gg r_{be1}$，则

$$A_{u1} \approx \frac{R_{C1} /\!/ R_{i2}}{R'_{E1}} \geq 15$$

当 $R_{C1} /\!/ R_{i2} \geq 3$ kΩ 时才能满足 $A_{u1} \geq 15$ 的要求。解决这一问题要从两方面着手，第一要增大 R_{C1}，第二要利用阻抗变换的办法提高第一级的等效负载 R_{L1}。在两级放大器中间增加一级共集电极电路，并将 R_{C1} 由 1.2 kΩ 改为 3.9 kΩ，就可基本满足设计要求。

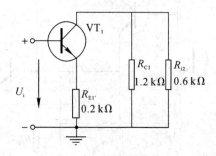

图 2.3.3 交流通路

（2）确定共集电极电路参数。

$$U_{C1Q} = V_{CC} - I_{C1Q}R_{C1} = 12 - 1.3 \times 3.9 = 6.9 \text{ (V)}$$

$$U_{E2Q} = 6.9 - 0.7 = 6.2 \text{ (V)}$$

在多级放大电路中，静态电流 I_{CQ} 应该是前级小而后级逐渐增大，因而

$$I_{C1Q} < I_{C2Q} < I_{C3Q}$$

所以取

$$I_{C2Q} = 3 \text{ (mA)}$$

则

$$R_{E2} = \frac{U_{E2}}{I_{E2}} = \frac{6.2}{3} \approx 2 \text{ (kΩ)}$$

若 VT_2 管的 $\beta=100$，则

$$r_{be2}=300+101\times\frac{26}{3}\approx1.18\ (\text{k}\Omega)$$

$$R_{i2}=r_{be2}+(1+\beta_2)R_{E2}\ /\!/\ R_{i3}\approx47.8\ (\text{k}\Omega)$$

（3）验算动态指标（R_{if}、R_{of}、A_{uf}）。

$$|A_{u1}|=\frac{\beta_1 R_{C1}\ /\!/\ R_{i2}}{r_{be1}+(1+\beta)R'_{E1}}=\frac{50\times\dfrac{3.9\times47.8}{3.9+47.8}}{1.3+51\times0.2}\approx\frac{50\times3.6}{11.5}\approx15.7$$

$$|A_{u2}|\approx1$$

$$|A_{u3}|=\frac{\beta_3 R_{C2}\ /\!/\ R_L}{r_{be3}}=\frac{70\times\dfrac{1\times2.2}{1+2.2}}{0.67}\approx72$$

$$A_u=A_{u1}A_{u2}A_{u3}\approx15.7\times72\approx1130$$

$$R_i=R_{B11}\ /\!/\ R_{B12}\ /\!/\ [r_{be1}+(1+\beta)R'_{E1}]=35\ /\!/\ 12\ /\!/\ 11.5=5.1\ (\text{k}\Omega)$$

$$R_o=R_{C3}=1\ (\text{k}\Omega)$$

$$|1+AF|=1+1130\times\frac{1}{100}=12.3$$

$$A_{uf}=\frac{A}{1+AF}=92$$

$$R_{if}=(1+AF)R_i\approx62.7\ (\text{k}\Omega)$$

$$R_{of}=\frac{R_o}{1+AF}=81.3\ (\Omega)$$

可见，R_{if}、R_{of}、A_{uf} 基本满足设计要求。

（4）验算上、下限截止频率。

$$f_H=\frac{1}{2\pi C_X R_{o2}}=\frac{1}{6.28\times6800\times10^{-12}\times50}\approx0.46\ (\text{MHz})$$

$$f_{Hf}=(1+AF)f_H=5.5\ (\text{MHz})$$

可见，f_{Hf} 已超出设计范围，因而必须更改电路参数才能满足实验条件的限制。将 C_X 并接到 VT_3 管的集电极对地，就可满足设计要求。

由 $f_H=\dfrac{1}{2\pi C_X R_{C3}\ /\!/\ R_L}$，$R_{C3}=1\ \text{k}\Omega$，$R_L=2.2\ \text{k}\Omega$，$R_{C3}\ /\!/\ R_L\approx0.7\ \text{k}\Omega$，若取 $C_X=4700\ \text{pF}$，可得 $f_H=48.4\ \text{kHz}$。则

$$f_{Hf}=(1+AF)f_H=568\ (\text{kHz})$$

$$f_{L1}=\frac{1}{2\pi\dfrac{C_{E1}}{1+\beta_1}[r_{be1}+(1+\beta_1)R'_{E1}]}=13.8\ (\text{Hz})$$

$$f_{L3}=\frac{1}{2\pi(R_{o2}+r_{be3})\dfrac{C_{E2}}{1+\beta_3}}=\frac{70}{6.28\times0.72\times10^3\times50\times10^{-6}}\approx310\ (\text{Hz})$$

$$f_L\approx f_{L3}=310\ (\text{Hz})$$

$$f_{Lf}=\frac{f_L}{1+AF}=26\ (\text{Hz})$$

2.4 三角波与方波发生器的设计与制作

1. 任务要求

（1）基于集成运算放大器。

（2）要求输出频率为 1000 Hz，三角波幅度为 ±2.5 V，方波幅度为 ±5 V。

（3）频率、占空比、三角波幅度、三角波直流偏移、方波幅度、方波直流偏移均为独立可调的电路，调整范围不限。

（4）自己设计电路。

（5）自选元器件。

（6）自搭电路。

（7）自拟实验步骤及测量参数。

2. 参考电路

图 2.4.1 是可以满足设计要求的电路。其中 A_1、A_2、A_3 及其附属电路完成三角波、方波的发生，并且实现频率和占空比的可调。A_4、A_5 及其附属电路实现三角波和方波的幅度、直流偏移可调。

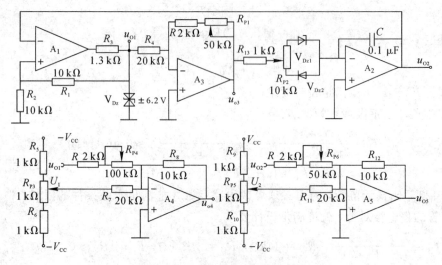

图 2.4.1 独立可调的三角波、方波发生电路

在如图 2.4.1 所示电路中，分析可知：

（1）用 R_{13}、R_{P2}、V_{Dz1}、V_{Dz2} 组成一个双向电阻值不同的电路，使得积分器工作过程中，正向充电和反向放电的时间常数不一致，三角波上升斜率和下降斜率大小不同，造成方波的占空比不同。由于用一个电位器调节，无论在什么位置，积分器的正向时间常数和反向时间常数的和，是一个常数，调节 R_{P2}，只改变占空比而不会改变频率。

（2）在稳压管输出和积分器之间，加入 A_3 构成的反相放大器，可以通过 R_{P1} 调节积分器输入电压大小，进而改变积分器输出电压变化斜率，造成波形发生的频率变化。这样，u_{O1} 产生方波，u_{O2} 产生三角波。这两个波形的频率相同，占空比相同。

（3）R_3 是限流电阻，主要作用是防止运放 A_1 的输出电流过大。

图 2.4.1 中由 A_4、A_5 组成的电路，分别完成对两种波形的幅度和直流偏移的调整。在 A_4 电路中，其输入信号是方波，通过调节 R_{P3}，可以改变输出三角波 u_{O4} 的直流偏移，通过调节 R_{P4}，可以改变输出方波 u_{O4} 的幅度。

2.5 音频功率放大器的设计与制作

1. 任务要求

(1) 基于集成运算放大器 CF358 和集成功放 TDA282 设计音频功率放大器。

(2) 自己设计电路。

(3) 自选元器件。

(4) 自搭电路。

(5) 自拟实验步骤及测量参数。

2. 音频功率放大器参考电路

音频功率放大器参考电路如图 2.5.1 所示。

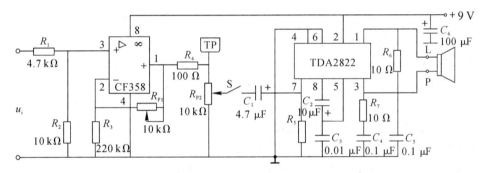

图 2.5.1　音频功率放大器参考电路图

1) 集成运算放大器 CF358

CF358 是通用型集成运算放大器，其引脚图如图 2.5.2 所示。

2) 集成功放 TDA2822

TDA2822 引脚排列如图 2.5.3 所示。

TDA2822 的主要参数如下：

(1) 电源电压为 2～12 V；

(2) 输出功率为 2 W（1 kHz，8 Ω，9 V，10% 总失真）；

(3) 静态电流为 ≤9 mA（$V_{CC} = 3$ V）；

(4) 谐波失真为 0.2%（1 kHz，8～32 Ω）；

(5) 闭环增益为 39 dB（典型值）；

(6) 负载范围为 ≥4 Ω。

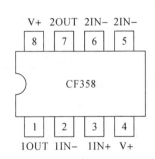

图 2.5.2　CF358 引脚图

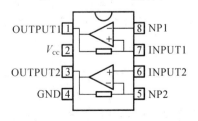

图 2.5.3　TDA2822 引脚图

第3章 数字电路

3.1 数字逻辑基础

➡️ **教学目标**

(1) 掌握常用的数制和数码；

(2) 掌握逻辑函数的代数法和卡诺图化简方法。

➡️ **教学建议**

以讲授、自学、课堂讨论等多种方法组织教学。

3.1.1 数制和码制

日常生活中，人们习惯了用十进制数表示数字。但在数字系统中，由于目前还没有具有十种状态的开关器件可用来表示一位十进制数，因此，十进制数在数字系统无法实现。具有关断和开通两种不同状态开关器件的发展推动了数字技术的发展，开关的两个状态可以用来分别表示 0 和 1。通常需要用进位计数的方法组成多位数码表示数字，将多位数码中每一位的符号数以及从低位到高位的进位规则称为数制。比如，每位最多有 10 个符号表示，低位向高位逢 10 进 1，称为十进制数。每位只有 0 和 1 两个符号，低位向高位逢 2 进 1 叫做二进制数。

数字系统是仅仅用数字"处理"信息以实现计算和操作的电子网络。也就是说，在数字系统中，二进制数码不仅可以表示数字量大小，而且还可用数码表示客观世界小到生活的方方面面，大到宇宙星辰的信息等无穷无尽的事物。比如，我们可以用两位二进制数的四种组合 00、01、10、11 分别表示前、后、左、右，此时数码就没有了数量的概念，成为代表不同事物的一个代码。为了便于记忆和处理，编制事物代码时总要遵循一定的规则，这些规则称为码制。下面介绍数字系统的基础——数制和码制。

1. 常用的数制

以上提到的十进制数和二进制数都是进位计数制，它们采用位置表示法，即处于不同位置的同一个数字符号所表示的数值不同。如果数制只采用 R 个基本符号，则称为 R 进制。R 称为 R 进制的"基数"或简称为"基"，而数制中每一固定位置对应的单位值称为"权"。下面介绍常用的几种进位计数制。

1）十进制（Decimal）

十进制数有 0、1、2、3、4、5、6、7、8 和 9 十个符号，其基数为 10，计数规则为"逢十进一"。一个十进制数可以用若干个十进制符号构成，如 333、2765 和 58 等。相同的数码处于不同的位置可代表不同的值。例如，215 可以表示成下列多项式

$$215 = 2 \times 10^2 + 1 \times 10^1 + 5 \times 10^0 \tag{3.1.1}$$

一个具有 n 位整数和 m 位小数的十进制数，可以记为 $(D)_{\mathrm{D}}$，下标 D 表示括号中的 D 为十进制数。可用以下一般表达式表示

$$(D)_{\mathrm{D}} = d_{n-1}10^{n-1} + d_{n-2}10^{n-2} + \cdots + d_1 10^1 + d_0 10^0 + d_{-1}10^{-1} + d_{-2}10^{-2} + \cdots + d_{-m}10^{-m}$$

$$= \sum_{i=-m}^{n-1} d_i 10^i \tag{3.1.2}$$

式中，d_i 为第 i 位的系数，可为 0～9 中的任何一个符号；10 为基数，10^{n-1}、10^{n-2}、$\cdots$、10^1、10^0、10^{-1}、10^{-2}、$\cdots$、10^{-m} 分别为各位的权。大家熟知的十进制数下标可以忽略，即 $(D)_{\mathrm{D}}$ 可以省略记为 D。

2）二进制（Binary）

二进制数只有 0 和 1 两个符号，其基数为 2，计数规则为"逢二进一"，各位的权则为 2 的幂。与式(3.1.2)类似，任一个 n 位整数和 m 位小数的二进制无符号数可按权展开为

$$(D)_{\mathrm{B}} = (d_{n-1}d_{n-2}\cdots d_0 . d_{-1}\cdots d_{-m})_{\mathrm{B}} = \sum_{i=-m}^{n-1} d_i 2^i \tag{3.1.3}$$

式中，下标 B 表示括号中的 D 为二进制数，系数 d_i 取值只有 0 和 1 两种可能。例如，$(1101.101)_{\mathrm{B}}$ 可以表示成下列多项式

$$(1101.101)_{\mathrm{B}} = 1\times 2^3 + 1\times 2^2 + 0\times 2^1 + 1\times 2^0 + 1\times 2^{-1} + 0\times 2^{-2} + 1\times 2^{-3}$$

由于二进制数计数规则简单，且与电子器件的开关状态对应，因而在数字系统中获得广泛应用。

在二进制系统中，一组二进制数常被称为二进制字，不同系统的一个字的位数可能不同，在微型计算机领域，一般将 8 位(bit)二进制称为一个字节(Byte)，16 位称为一个字，32 位称为双字。经常也引进一些 2 的幂次方缩写表示二进制数，比如，1 K 表示 2^{10}(1024)，1 M＝1024 K 表示 2^{20}，那么，2^{16} 就等于 64 K。显然，二进制的缩写与基数为 10 所对应的缩写值是不同的。比如，数字系统中的 1 K(1024)与物理学中 1 k(1000)是不同的。

3）十六进制（Hexadecimal）

用二进制表示一个比较大的数时，位数较长且不易读写，因而在数字系统和计算机中，常将其改为 2^i 进制来表达，其中最常用的是十六进制（即 2^4）。十六进制有 16 个符号，采用 0～9 和 A～F 表示。十六进制的计数规则是"逢十六进一"，它的基数为 16，各位的权为 16 的幂。

任一个 n 位整数和 m 位小数的十六进制无符号数可按权展开为

$$(D)_{\mathrm{H}} = (d_{n-1}d_{n-2}\cdots d_0 . d_{-1}\cdots d_{-m})_{\mathrm{H}} = \sum_{i=-m}^{n-1} d_i 16^i$$

式中，系数 d_i 可为十六进制符号 0～9 和 A～F 中的任一个，下标 H 表示 D 为十六进制数。不同进制的数常常在其数字后加上对应进制的缩写字母表示，十进制数的缩写 D 可以省略，比如，1001B、2FH、234 分别表示二进制、十六进制和十进制数。

各种常用数制对照如表 3.1.1 所示。

表 3.1.1　常用数制对照表

十进制(D)	0	1	2	3	4	5	6	7	8	9	10	11	12	13	14	15
二进制(B)	0000	0001	0010	0011	0100	0101	0110	0111	1000	1001	1010	1011	1100	1101	1110	1111
十六进制(H)	0	1	2	3	4	5	6	7	8	9	A	B	C	D	E	F

2. 数制转换

虽然大家非常熟悉十进制数，但数字系统只能识别二进制数，因此，需要了解数制之间的转换。数制间转换的原则是转换前后整数部分和小数部分必须分别相等。

1）多项式法

多项式法适用于将非十进制数转换为十进制数。将非十进制数按权展开，并按十进制数计算，所得结果就是其所对应的十进制数。

例如，十六进制数$(DE)_H$转换为十进制数

$$(DE)_H = (13 \times 16^1 + 14 \times 16^0)_D = (208 + 14)_D = (222)_D = 222$$

例如，将二进制数 110101.101 转换为十进制数

$$(110101.101)_B = (1 \times 2^5 + 1 \times 2^4 + 1 \times 2^2 + 1 \times 2^0 + 1 \times 2^{-1} + 1 \times 2^{-3})_D$$
$$= (53.625)_D = 53.625$$

2）基数乘除法

基数乘除法适合把一个十进制数 D 转换为其他进制的数。即把一个 n 位整数和 m 位小数的十进制数 $D = d_{n-1}d_{n-2}\cdots d_2 d_1 d_0 . d_{-1} d_{-2} \cdots d_{-m}$，用 k 位整数和 i 位小数的其他进制的数来表示。转换方法是把整数部分和小数部分分别进行转换，然后合并起来。

（1）整数转换（除基取余法）。

依据转换原则及二进制数的按权展开式(3.1.3)，整数部分的转换可以表示为

$$D_n = d_{k-1} \times 2^{k-1} + d_{k-2} \times 2^{k-2} + \cdots + d_1 \times 2^1 + d_0 \times 2^0 \tag{3.1.4}$$

将式(3.1.4)两边同除以二进制的基数 2，得

$$\frac{1}{2}D_n = d_{k-1} \times 2^{k-2} + d_{k-2} \times 2^{k-3} + \cdots + d_1 \times 2^0 + \frac{d_0}{2} \tag{3.1.5}$$

由此可知，用 2 去除十进制数，得到的余数为 d_0。将式(3.1.5)左边的商再除以 2，得到的余数为 d_1。依此类推，将十进制整数每除以一次 2，就可根据余数得到二进制数的 1 位数字，直到商为 0，就可根据余数求出二进制数。

【例 3.1.1】 将十进制数 89 转换成二进制数。

【解】 根据转换方法，将十进制数 89 逐次除以 2，取其余数，即得二进制数。计算过程如下：

		余数		
2	89	… 1	…	d_0
2	44	… 0	…	d_1
2	22	… 0	…	d_2
2	11	… 1	…	d_3
2	5	… 1	…	d_4
2	2	… 0	…	d_5
2	1	… 1	…	d_6
	0			

即 $(89)_D = (1011001)_B$。

（2）小数部分的转换（乘基取整法）。

小数部分转换与整数转换类似，将十进制小数乘以 2，取其整数部分即为 d_{-1}。由此可见，将十进制小数每乘以一次 2，就可根据其乘积的整数部分得到二进制小数的一位数。因

此只要逐步乘以 2，且逐次取出乘积中的整数部分，直到小数部分为 0 或者达到所需的精度为止，即可求得相应的二进制小数。

【例 3.1.2】　将十进制数 0.64 转换为二进制数，要求误差 $\varepsilon < 2^{-10}$

【解】　根据小数部分转换方法，将十进制小数 0.64 逐次乘以 2，取其整数，即得二进制小数。计算过程如下：

	0.64	0.28	0.56	0.12	0.24	0.48	0.96	0.92	0.84	0.68
（乘基）	$\times 2$	$\times 2$	$\times 2$	$\times 2$	$\times 2$	$\times 2$	$\times 2$	$\times 2$	$\times 2$	$\times 2$
	1.28	0.56	1.12	0.24	0.48	0.96	1.92	1.84	1.68	1.36
	⋮	⋮	⋮	⋮	⋮	⋮	⋮	⋮	⋮	⋮
（取整）	1	0	1	0	0	0	1	1	1	1
	d_{-1}	d_{-2}	d_{-3}	d_{-4}	d_{-5}	d_{-6}	d_{-7}	d_{-8}	d_{-9}	d_{-10}

则

$$(0.64)_D = (0.1010001111)_B$$

且其误差 $\varepsilon < 2^{-10}$。

十进制数转换为十六进制数有两种方法。一种方法就是采取基数乘除法；另一种方法是以二进制为桥梁进行转换，即首先把待转换的十进制数转换为二进制数，再将二进制数转换为十六进制数。实际上，后者较为常用。

3）基数为 2^i 的进制间转换

由表 3.1.1 可以看出，4 位二进制数可以组成 1 位十六进制数（$2^4 = 16$），而且这种对应关系是一一对应的。这样就不难求得它们之间的相互转换。

【例 3.1.3】　将数字 $(110110111000110.1011000101)_B$ 转换成十六进制数。

【解】　用上述对应关系，以小数点为界，整数部分由右向左按 4 位一组划分；小数部分由左向右 4 位一组划分，数位不够四位者用 0 补齐。由此可得十六进制数

$$\begin{matrix} 6 & D & C & 6 & B & 1 & 4 \\ 0110 & 1101 & 1100 & 0110. & 1011 & 0001 & 0100 \end{matrix}$$

则

$$(110110111000110.1011000101)_B = (6DC6.B14)_H$$

3. 码制

将一定位数的数码按一定的规则排列起来表示特定对象，称其为代码或编码，将形成这种代码所遵循的规则称为码制。在数字系统中，常用一定位数的二进制数码来表示数字、符号和汉字等。下面介绍几种常用的码制。

1）二-十进制码

这是一种用 4 位二进制数码表示 1 位十进制数的方法，称为二进制编码的十进制数（Binary Coded Decimal），简称二-十进制码或 BCD 码。

4 位二进制数码有十六种组合，而一位十进制数只需用其中十种组合来表示。因此，用 4 位二进制数表示十进制数时，可以有很多种编码方式，主要分为以下两种。

（1）有权码。

顾名思义，有权码的每位都有固定的权，各组代码按权相加对应于各自代表的十进制数。

8421BCD 码是 BCD 码中最常用的一种代码。这种编码每位的权和自然二进制码相应位的权一致，从高到低依次为 8、4、2、1，故称为 8421BCD 码。例如，十进制数 8964 可用 8421BCD 码表示为 1000 1001 0110 0100。

常见的 BCD 有权码还有 5421 和 2421 码等。如表 3.1.2 所示为几种常用的 BCD 码。

表 3.1.2　常用的 BCD 码

十进制数	有权码		无权码	
	8421	5421	余 3 码	循环码
0	0000	0000	0011	0010
1	0001	0001	0100	0110
2	0010	0010	0101	0111
3	0011	0011	0110	0101
4	0100	0100	0111	0100
5	0101	1000	1000	1100
6	0110	1001	1001	1101
7	0111	1010	1010	1111
8	1000	1011	1011	1110
9	1001	1100	1100	1010

（2）无权码。

无权码的每位没有固定的权，各组代码与十进制数之间的对应关系是人为规定的。余 3 码是一种较为常用的无权码。表 3.1.2 示出了余 3 码与十进制数之间的对应关系。若把余 3 码的每组代码视为 4 位二进制数，那么每组代码总是比它们所代表的十进制数多余 3，故得名余 3 码。常用的 BCD 无权码还有循环码和自补码等。

2）其他常用的代码

（1）格雷码。

格雷（Gray）码的特点是任意两组相邻代码之间只有一位不同，典型的格雷码如表 3.1.3 所示。表中 4 位的自然二进制代码，相邻两个代码之间可能有 2 位、3 位、甚至 4 位不同。如：0111 和 1000 代码中的 4 位都不同，也就是当代码由 0111 变到 1000 时，4 位代码都将发生变化。由于实际数字电路延时的不同，这 4 位代码的变化不可能同时反应到电路输出，从而可能导致输出产生错误响应。而这两组代码对应的格雷码是 0100 和 1100，两者仅有 1 位发生变化。因此，采用格雷码会大大减少数字系统出错的概率。格雷码可以由相应的自然二进制码通过一定运算得到，运算规则为：从自然二进制码最低位开始，相邻的两位相加，但不进位，其结果作为格雷码的最低位，依此类推，一直加到最高位得到格雷码的次高位，格雷码的最高位与二进制码的最高位相同。例如，$(1001)_B = (1101)_G$。

表 3.1.3　自然二进制码和格雷码

自然二进制码				格　雷　码			
B_3	B_2	B_1	B_0	G_3	G_2	G_1	G_0
0	0	0	0	0	0	0	0
0	0	0	1	0	0	0	1
0	0	1	0	0	0	1	1
0	0	1	1	0	0	1	0
0	1	0	0	0	1	1	0
0	1	0	1	0	1	1	1
0	1	1	0	0	1	0	1
0	1	1	1	0	1	0	0
1	0	0	0	1	1	0	0
1	0	0	1	1	1	0	1
1	0	1	0	1	1	1	1
1	0	1	1	1	1	1	0
1	1	0	0	1	0	1	0
1	1	0	1	1	0	1	1
1	1	1	0	1	0	0	1
1	1	1	1	1	0	0	0

（2）奇偶校验码。

信息的正确性对数字系统和计算机是非常重要的，但在信息的存储与传送过程中，常由于某种随机干扰而发生错误。所以希望在传送代码时能进行某种校验以判断是否发生了错误，甚至能自动纠正错误。

奇偶校验码是一种具有检错能力的代码。常见的奇偶校验码如表 3.1.4 所示，由表可见，这种代码由两部分构成：一部分是信息位，可以是任一种二进制代码；另一部分是校验位，它仅有一位。检验位数码的编码方式是：作为"奇校验"时，使校验位和信息位所组成的每组代码中含有奇数个 1；作为"偶校验"时，则使每组代码中含有偶数个 1。奇偶校验码能发现奇数个代码位同时出错的情况。

表 3.1.4　奇偶校验码

十进制数	奇校验 8421BCD		偶校验 8421BCD	
	信息位	校验位	信息位	校验位
0	0000	1	0000	0
1	0001	0	0001	1
2	0010	0	0010	1
3	0011	1	0011	0
4	0100	0	0100	1
5	0101	1	0101	0
6	0110	1	0110	0
7	0111	0	0111	1
8	1000	0	1000	1
9	1001	1	1001	0

奇偶校验码常用于代码的传送过程中，检查接收端代码的奇偶性，若与发送端的奇偶性一致，则可认为接收到的代码正确，否则，接收到的一定是错误代码。

（3）字符码。

字符码种类很多，是专门用来处理数字、字母及各种符号的二进制代码。其中最常用的是 ASCII(American Standard Code for Information Interchange，美国标准信息交换码的缩写)码，它是用 7 位二进制数码来表示字符的，其对应关系如表 3.1.5 所示。每个字符都是由代码的高 3 位 $b_6 b_5 b_4$ 和低 4 位 $b_3 b_2 b_1 b_0$ 一起确定的。例如，3 的 ASCII 码为 33H，A 的 ASCII 码为 41H 等。

表 3.1.5　美国标准信息交换码(ASCII 码)

字 符 $b_6 b_5 b_4$ $b_3\ b_2\ b_1\ b_0$	000	001	010	011	100	101	110	111
0　0　0　0			间隔	0	@	P		p
0　0　0　1			！	1	A	Q	a	q
0　0　1　0			”	2	B	R	b	r
0　0　1　1			♯	3	C	S	c	s
0　1　0　0	控		$	4	D	T	d	t
0　1　0　1			%	5	E	U	e	u
0　1　1　0			，	6	F	V	f	v
0　1　1　1	制		”	7	G	W	g	w
1　0　0　0			(	8	H	X	h	x
1　0　0　1			)	9	I	Y	i	y
1　0　1　0	符		*	:	J	Z	j	z
1　0　1　1			+	;	K	〔	k	{
1　1　0　0			，	<	L	\	l	|
1　1　0　1			—	=	M	〕	m	}
1　1　1　0			.	>	N	^	n	
1　1　1　1			/	?	O	—	o	DEL

（4）汉字编码。

在数字系统和计算机中，常用若干位二进制编码来表示一个汉字。一般将 8 位二进制数码称为一个字节。显然，用单字节编码来表示汉字是远远不够的，国标 GB 2312—80 规定每个汉字和图形符号用双字节表示。

3.1.2　逻辑代数与逻辑函数的化简

逻辑代数构成了数字系统的设计基础，是分析数字系统的重要数学工具，借助于逻辑代数，能分析给定逻辑电路的工作，并用逻辑函数描述它。利用逻辑代数，又能将复杂的逻辑函数式化简，从而得到一较简单的逻辑电路。

1. 逻辑代数的基本定律

逻辑代数的基本定律见表 3.1.6。

表 3.1.6　逻辑代数的基本定律

公 式 名 称	公　式	
1. 0-1 律	$A \cdot 0 = 0$	$A + 1 = 1$
2. 自等律	$A \cdot 1 = A$	$A + 0 = A$
3. 等幂律	$A \cdot A = A$	$A + A = A$
4. 互补律	$A \cdot \overline{A} = 0$	$A + \overline{A} = 1$
5. 交换律	$A \cdot B = B \cdot A$	$A + B = B + A$
6. 结合律	$A \cdot (B \cdot C) = (A \cdot B) \cdot C$	$A + (B + C) = (A + B) + C$
7. 分配律	$A(B + C) = AB + AC$	$A + BC = (A + B)(A + C)$
8. 吸收律 1	$(A + B)(A + \overline{B}) = A$	$AB + A\overline{B} = A$
9. 吸收律 2	$A(A + B) = A$	$A + AB = A$
10. 吸收律 3	$A(\overline{A} + B) = AB$	$A + \overline{A}B = A + B$
11. 多余项定律	$(A + B)(\overline{A} + C)(B + C) = (A + B)(\overline{A} + C)$	$AB + \overline{A}C + BC = AB + \overline{A}C$
12. 求反律	$\overline{AB} = \overline{A} + \overline{B}$	$\overline{A + B} = \overline{A} \cdot \overline{B}$
13. 否否律	$\overline{\overline{A}} = A$	

2. 逻辑代数的基本法则

1）代入规则

任何一个逻辑等式，如果将所有出现某一逻辑变量的位置都代之以一个逻辑函数，则等式仍成立，这个规则称为代入规则。

2）对偶法则

对于任何一个逻辑表达式 F，如果将其中的"＋"换成"·"，"·"换成"＋"，"1"换成"0"，"0"换成"1"，并保持原先的逻辑优先级，变量不变，两变量以上的非号不动，则可得原函数 F 的对偶式 G，且 F 和 G 互为对偶式。根据对偶法则知原式成立，其对偶式一定成立。这样，我们只需记忆表 3.1.6 基本公式的一半即可，另一半按对偶法则可求出。

3）反演规则

将原函数 F 中的"·"换成"＋"，"＋"换成"·"；"0"换成"1"，"1"换成"0"；原变量换成反变量，反变量换成原变量，长非号即两个或两个以上变量的非号不变，即可得原函数的反函数。

3. 逻辑代数的化简

利用逻辑代数的基本定理和常用公式，将给定的逻辑函数式进行适当的恒等变换，消去多余的与项以及各与项中多余的因子，使其成为最简的逻辑函数式。下面介绍几种常用的化简方法。

1）并项法

利用定理 $AB + A\overline{B} = A$，可以把两个与项合并成一项，并消去 B 和 $\overline{B}$ 这两个因子。

2）吸收法

利用定理 $A+AB=A(1+B)=A$，消去多余的与项 AB。

3）添项法

利用定理 $A+A=A$，在函数式中重写某一项，以便把函数式化简。

4）配项法

利用定理 $A+\overline{A}=1$，将某个与项乘以 $(A+\overline{A})$，将其拆成两项，以便与其他项配合化简。

【例 3.1.4】 试化简逻辑函数 $L=\overline{A}\,\overline{B}+BC+AB+\overline{B}\,\overline{C}$。

【解】 $\quad L=\overline{A}\,\overline{B}+BC+AB(C+\overline{C})+(A+\overline{A})\,\overline{B}\,\overline{C}$。

$\qquad\qquad =\overline{A}\,\overline{B}+BC+ABC+AB\overline{C}+A\overline{B}\,\overline{C}+\overline{A}\,\overline{B}\,\overline{C}$

$\qquad\qquad =(ABC+BC)+(AB\overline{C}+A\overline{B}\,\overline{C})+(\overline{A}\,\overline{B}+\overline{A}\,\overline{B}\,\overline{C})$

$\qquad\qquad =BC+A\overline{C}+\overline{A}\,\overline{B}$

代数化简法的优点是不受任何条件的限制，但代数化简法没有固定的步骤可循，在化简较为复杂的逻辑函数时不仅需要熟练运用各种公式和定理，而且需要有一定的运算技巧和经验。代数法化简的结果是否为最简也没有判断依据得到肯定的答案。为了更方便地进行逻辑函数的化简，人们创造了许多比较系统的、又有简单的规则可循的简化方法，卡诺图化简法就是其中最常用的一种。

3.1.3 逻辑函数的卡诺图化简法

图形法化简逻辑函数是 1952 年由维奇首先提出来的，1953 年卡诺进行了更系统、全面的阐述，故称为卡诺图法。卡诺图法比代数法形象直观，易于掌握，只要熟悉一些简单的规则，便可十分迅速地将函数化简为最简式。卡诺图法是逻辑设计中一种十分有用的工具，应用十分广泛。

1. 逻辑函数的最小项

1）最小项的定义

在 n 变量逻辑函数中，若每个乘积项都以这 n 个变量为因子，而且这 n 个变量都是以原变量或反变量形式在各乘积项中仅出现一次，则称这些乘积项为 n 变量逻辑函数的最小项。

一个两变量逻辑函数 $L(A,B)$ 有四个 (2^2) 个最小项，分别为 $\overline{A}\,\overline{B}$、$\overline{A}B$、$A\overline{B}$、$AB$，三变量 $L(A,B,C)$ 有八个 (2^3) 个最小项，为 $\overline{A}\,\overline{B}\,\overline{C}$、$\overline{A}\,\overline{B}C$、$\overline{A}B\overline{C}$、$\overline{A}BC$、$A\overline{B}\,\overline{C}$、$A\overline{B}C$、$AB\overline{C}$、$ABC$。同理，四变量逻辑函数有 2^4 个最小项，n 变量逻辑函数有 2^n 个最小项。

2）最小项的编号

为了书写方便，最小项通常用 m_i 表示，下标 i 是与最小项二进制编码相应的十进制数。即将最小项中原变量表示为 1，反变量表示为 0，当变量顺序确定后，用 1 和 0 按变量顺序排列形成一个二进制数，此二进制数对应的十进制数即为该最小项的下标 i。例如，三变量函数 $L(A,B,C)$ 中，一般以 ABC 为由高到低的顺序，如最小项 $A\overline{B}C$ 相应的二进制编码为 $(101)_B$，所以其编号 m_i 的下标 $i=(101)_B=(5)_D$，故将 $A\overline{B}C$ 用 m_5 表示。

3）最小项的性质

（1）在输入变量的任何取值下，有且只有一个最小项的值为 1。

（2）任何两个不同最小项之积恒为 0；

（3）对于变量的任何一组取值，全体最小项之和为 1；

（4）具有逻辑相邻的两个最小项之和可以合并成一项，并消去一个因子。

逻辑相邻性是指两个最小项除一个因子互为非外，其余因子相同。例如，两个最小项 $\overline{A}BC$ 和 ABC 只有第一个因子互为非，其余因子都相同，所以它们具有逻辑相邻性。

2. 逻辑函数的最小项之和形式

利用逻辑代数基本定理，可以把任何逻辑函数化成最小项之和形式，这种表达式是逻辑函数的一种标准形式，称为最小项之和表达式。而且任何一个逻辑函数都只有唯一的最小项之和表达式。

【例 3.1.5】　试将逻辑函数 $L = A\overline{B} + B\overline{C}$ 化为最小项之和表达式。

【解】　这是一个三变量逻辑函数，最小项表达式中每个乘积项应由三变量作为因子构成。因此，可用基本定理 $A + \overline{A} = 1$，将逻辑函数中的每项都化为含有三变量 A、B、C 或 $\overline{A}$、$\overline{B}$、$\overline{C}$ 的积项。即

$$L = A\overline{B}(C + \overline{C}) + B\overline{C}(A + \overline{A}) = A\overline{B}C + A\overline{B}\,\overline{C} + AB\overline{C} + \overline{A}B\,\overline{C}$$

$$= m_2 + m_4 + m_5 + m_6 = \sum_i m_i \,(i = 2,\ 4,\ 5,\ 6)$$

有时也简写成 $\sum m(2,\ 4,\ 5,\ 6)$ 或 $\sum(2,\ 4,\ 5,\ 6)$ 的形式。

3. 逻辑函数的卡诺图

1）卡诺图

卡诺图是一种方格图，每个方格代表逻辑函数的一个最小项。将 n 变量逻辑函数的全部最小项各用一个小方格表示，并使任何在逻辑上相邻的最小项在几何位置上也相邻，得到的这种方格图就叫 n 变量的卡诺图。

图 3.1.1 给出了二、三、四变量卡诺图的常用画法，小方格中为最小项，可以用图中的三种方法表示。随着变量增多，卡诺图迅速复杂化，如五变量卡诺图就要有 $32(2^5)$ 个方格，这时不但使用几何相邻表示逻辑相邻性发生困难，而且不易直观判断最小项的相邻性，因而五变量以上的逻辑函数不宜用卡诺图表示。

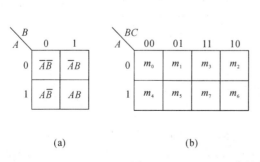

图 3.1.1　二、三、四变量卡诺图

（a）二变量卡诺图；（b）三变量卡诺图；（c）四变量卡诺图

由图 3.1.1 不难看出卡诺图具有下列特点：

（1）图中小方格数为 2^n，其中 n 为变量数；

（2）图形左侧和上侧标注了变量及变量取值，行列交叉的方格是对应的最小项；

（3）变量取值按格雷码排列，使具有逻辑相邻性的最小项，在几何位置上也相邻。

几何（位置）相邻分以下几种情况：

① 小方格相连（有公共边）则相邻。在如图 3.1.1(b)所示三变量卡诺图中，m_0 与 m_1 和 m_4 有公共边，因此，m_0 分别与 m_1、m_4 相邻。同理如图 3.1.1(c)所示四变量卡诺图中，m_5 与 m_1、m_4、m_7、m_{13} 相邻。

② 对折重合的小方格相邻。在图 3.1.2(a)中，m_0 与 m_2 重合，m_0 与 m_4 重合。在图 3.1.2(b)中，m_0 与 m_2 重合，m_0 与 m_8 重合等。

③ 循环相邻。在图 3.1.2(a)中，已知 m_0 与 m_1，m_1 与 m_3，m_3 与 m_2，m_2 与 m_0 分别相邻，那么，这四个最小项为循环相邻。同理，m_0、m_1、m_5、m_4 以及 m_0、m_2、m_6、m_4 都为循环相邻。

由此可见，处于卡诺图上下及左右两端、四个顶角的最小项也都具有相邻性。因此，从几何位置上可把卡诺图看成管环形封闭图形。

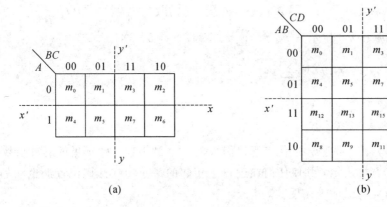

图 3.1.2　加装坐标轴的卡诺图

2）逻辑函数的卡诺图表示

先把逻辑函数化成最小项之和的形式，再根据逻辑函数所包含的变量数画出相应的最小项卡诺图，然后将最小项之和函数式中所包含的各最小项对应的小方格中填 1，其余小方格中填入 0，这样所得的方格图即为逻辑函数的卡诺图。

【例 3.1.6】 试用卡诺图表示逻辑函数 $L = \sum m(0, 1, 2, 5, 7, 8, 10, 11, 13, 15)$。

CD＼AB	00	01	11	10
00	1	1	0	1
01	0	1	1	0
11	0	1	0	0
10	1	0	1	1

图 3.1.3　例 3.1.6 的卡诺图

【解】 逻辑函数以最小项编号的形式给出，由最大编号 m_{15} 可以看出，它是一个四变量的逻辑函数，设其变量分别为 A、B、C、D，画出四个变量的卡诺图。对应于函数式中的最小项，在图中相应位置填 1，其余位置填 0，如图 3.1.3 所示。

【例 3.1.7】 试用卡诺图表示逻辑函数：$L = \overline{A}\,\overline{B}C + BC + AB\overline{C}$。

【解】 先将函数式化为最小项之和的形式：

$L = \overline{A}\,\overline{B}C + (A + \overline{A})BC + AB\,\overline{C} = \overline{A}\,\overline{B}C + ABC + \overline{A}BC + AB\,\overline{C} = m_1 + m_7 + m_3 + m_6$

这是一个三变量逻辑函数，将该函数各最小项填入相应位置，如图 3.1.4 所示。

A＼BC	00	01	11	10
0	0	1	1	0
1	0	0	1	1

图 3.1.4　例 3.1.7 的卡诺图

【例 3.1.8】 试用卡诺图表示逻辑函数 $L = \overline{C}\,\overline{D} + AB + \overline{A}C\overline{D} + ABD + AC$。

【解】 这是一个以一般表达式给出的四变量逻辑函数。按基本方法需将其化为最小项之和的形式表示在卡诺图上，显然这种作法比较麻烦。实际可以将逻辑函数直接填入卡诺图中，如 $\overline{C}\,\overline{D}$，它包含了所有含有 $\overline{C}\,\overline{D}$ 因子的最小项，而不管另外两个因子 A、B 的情况。因此，可以直接在卡诺图上所有对应 $C=0$ 同时 $D=0$ 的方格里填入 1。同样，可填入其他项，如图 3.1.5 所示。

AB＼CD	00	01	11	10
00	1	0	0	1
01	1	0	0	1
11	1	1	1	1
10	1	0	1	1

图 3.1.5　例 3.1.8 的卡诺图

4. 卡诺图化简逻辑函数

1）卡诺图化简逻辑函数的基本原理

逻辑相邻的最小项可以合并，并消去互为非的因子。

2）卡诺图化简函数的步骤

(1) 将逻辑函数化为最小项之和的形式；

(2) 画出表示该逻辑函数的卡诺图；

(3) 按照合并规律合并最小项(即画包围圈的原则，稍后总结)；

(4) 写出最简与-或表达式。

【例 3.1.9】 用卡诺图法化简逻辑函数：$L = \overline{A}B + A\overline{B} + BC + AB\overline{C}$。

【解】 首先画出逻辑函数 L 的卡诺图，如图 3.1.6 所示。

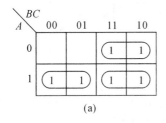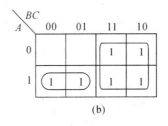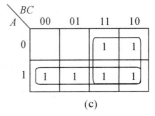

图 3.1.6　例 3.1.9 的卡诺图

(a) 画圈方式 1；(b) 画圈方式 2；(c) 画圈方式 3

其次找出可以合并的最小项。将可能合并的最小项用线圈出，写出化简结果。

按图 3.1.6 (a)方式画圈合并最小项，所得结果为

$$L = A\overline{B} + AB + \overline{A}B \qquad (3.1.6)$$

按图 3.1.6（b）方式画圈合并最小项，所得结果为

$$L = A\overline{B} + B \qquad\qquad (3.1.7)$$

按图 3.1.6（c）方式画圈合并最小项，所得结果为

$$L = A + B \qquad\qquad (3.1.8)$$

可见，按 3.1.6（c）方式画圈合并最小项，所得式（3.1.8）为最简。

用卡诺图法化简逻辑函数时，能否得到最简结果，关键在于用合适的包围圈来选择可合并的最小项。若按下述原则画包围圈，定能得到最简结果。

画包围圈的原则如下：

① 包围圈所含小方格数为 2^i 个（$i = 0, 1, 2, \cdots$）；

② 包围圈尽可能大，个数尽可能少，包围圈越大，包含的最小项越多，消去的变量就越多，个数少，则化简结果中的与项最少；

③ 允许重复圈，但每个包围圈至少应有一个未被其他圈包围过的最小项；

④ 孤立（无相邻项）的最小项单独包围。

【例 3.1.10】 试用卡诺图法化简逻辑函数：$L = \overline{A}\,\overline{B}\,\overline{D} + B\overline{C}D + BC + C\overline{D} + \overline{B}\,\overline{C}\,\overline{D}$。

【解】 首先画出逻辑函数 L 的卡诺图，如图 3.1.7（a）、（b）所示。

其次根据画包围圈的原则，本例有两种包围方法，如图 3.1.7（a）、（b）所示。对每个包围圈写出合并结果即为最简逻辑函数表达式。按图 3.1.7（a）的包围圈写出的合并结果为

$$L = \overline{B}\,\overline{D} + BD + BC$$

按图 3.1.7（b）的包围圈写出的合并结果为

$$L = \overline{B}\,\overline{D} + BD + C\overline{D}$$

两个化简结果都为最简与或表达式。本例说明，逻辑函数最简表达式不是唯一的。

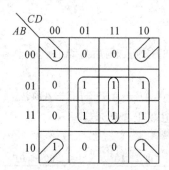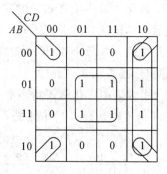

图 3.1.7　例 3.1.10 的卡诺图

5. 具有无关项逻辑函数的化简

前面所讨论的逻辑函数，对于输入变量的每一组取值，都有确定的函数值（0 或 1）与其对应。而且变量之间相互独立，各自可以任意取值，输入变量取值范围为它的全集。

在某些实际的数字系统中，输入变量的取值不是任意的或者某些取值根本就不会出现。比如，用 4 个逻辑变量表示一个十进制数时，有 6 个最小项是不允许出现的，也就是说对输入变量的取值是有约束的，把这些不允许出现的最小项称为约束项。如果某些输入变量取值对应的逻辑函数取值可以是任意的，即函数值是 1 还是 0 无所谓。这些最小项称为任意项。把约束项和任意项可以统称为无关项。

　　在化简具有无关项的逻辑函数时，根据无关项对应逻辑函数取值的随意性（取 0 或取 1，并不影响逻辑函数原有的实际逻辑功能），若能合理地利用无关项，一般能得到更简单的化简结果。

　　无关项其实是所有逻辑值不确定的变量组合，因此，在画具有无关项的卡诺图时，无关项对应的方格既不能填 1，也不能填 0，而是用×表示，根据化简需要可以使×为 0 或者为 1。

　　$ABCD$ 表示 8421BCD 码时，约束条件可以表示为

$$d(A, B, C, D) = \sum d(10, 11, 12, 13, 14.15) = 0 \qquad (3.1.9)$$

$\sum d(10, 11, 12, 13, 14.15)$ 化简后为 $AC + AB$，因此该约束条件经常也可表示为

$$AC + AB = 0 \qquad (3.1.10)$$

　　【例 3.1.11】　某逻辑电路的输入信号 $ABCD$ 是 8421BCD 码。当输入 $ABCD$ 取值为 0 和偶数时，输出逻辑函数 $L = 1$，否则 $L = 0$，求逻辑函数式 L。

　　【解】　根据题意，可列逻辑函数 L 的真值表如表 3.1.7 所示。由于六种输入组合 1010、1011、…、1111 不会出现，因此，对应的最小项为无关项，相应函数值用×表示。

　　若将此函数表示在卡诺图中，则如图 3.1.8 所示。图中填 1 和 0 的小方格分别对应于使函数取值为 1 和 0 的最小项，而标有×的小方格则属于无关项。

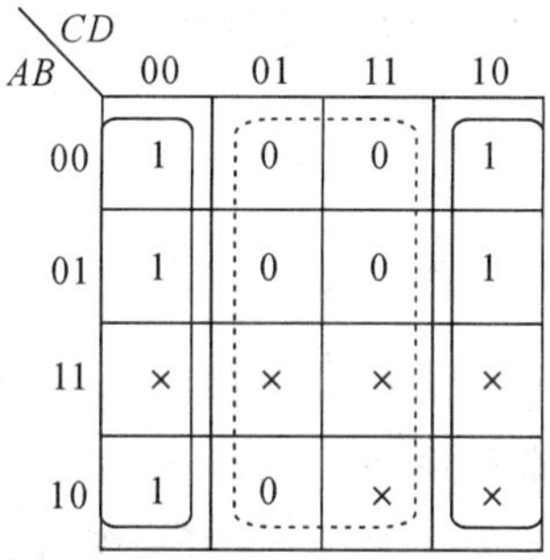

表 3.1.7　例 3.1.11 的真值表

A	B	C	D	L
0	0	0	0	1
0	0	0	1	0
0	0	1	0	1
0	0	1	1	0
0	1	0	0	1
0	1	0	1	0
0	1	1	0	1
0	1	1	1	0
1	0	0	0	1
1	0	0	1	0
1	0	1	0	×
1	0	1	1	×
1	1	0	0	×
1	1	0	1	×
1	1	1	0	×
1	1	1	1	×

图 3.1.8　例 3.1.11 的卡诺图

无关项

　　为了得到最简结果，应将无关项 m_{10}、m_{12}、m_{14} 与填 1 的小方格一起包围，如图 3.1.8 实线包围圈所示。合并最小项后，则得 $L = \overline{D}$。如果要合并标 0 的最小项，则将无关项 m_{11}、m_{13}、m_{15} 与填 0 的小方格一起包围，如图 3.1.8 虚线包围圈所示，此时由卡诺图化简得到的是输出逻辑函数 L 的非，即 $\overline{L} = D$。

3.2 集成逻辑门电路

➡️ **教学目标**

（1）了解门电路的外特性及主要性能参数；

（2）掌握门电路的使用方法；

（3）理解门电路的接口方法。

➡️ **教学建议**

以讲授、自学、课堂讨论等多种方法组织教学。

3.2.1 集成电路及数字逻辑器件

1. 集成电路的概念

集成电路（Integrated Circuit，IC）通常是指把电路中的半导体器件、电阻、电容及连线制作在一块半导体芯片上，芯片用陶瓷或塑料封装在一个壳体内，接线接到外部的管脚，这样就形成了集成电路。

集成电路按其处理的信号不同可分为数字 IC 和模拟 IC。数字 IC 是用来处理数字信号的集成电路。

集成电路若按一个封装内所包含的逻辑门的数目或元器件的个数（即集成度）不同，可将集成电路分为四类：小规模集成（SSI）器件，如集成逻辑门、集成触发器等；中规模集成（MSI）器件，如译码器、编码器、选择器、比较器、计数器及寄存器等逻辑功能部件；大规模集成（LSI）器件，如处理器、存储器和可编程逻辑器件等数字逻辑系统；超大规模集成（VLSI）器件，如 16 位和 32 位微处理器等较大的数字逻辑系统。

2. 常用数字逻辑系列和参数介绍

1）TTL 和 CMOS 系列简介

数字集成电路按所用半导体器件不同又可分成两大类：双极型和 MOS 型数字集成电路。双极型又包括二极管-晶体管逻辑、晶体管-晶体管逻辑（TTL）和发射极耦合逻辑（ECL）等数字逻辑系列。MOS 型包括了 NMOS、PMOS 和 CMOS 等数字逻辑系列。

TTL 是长期用于逻辑运算的一个系列，并且被公认为标准。CMOS 的特点是低功耗和集成度高，因此，CMOS 已成为主流的逻辑系列。

与 TTL 一样，CMOS 也有许多的子系列，国际上通用的 CMOS 数字电路主要有：美国 RCA 公司的 CD4000 系列、美国摩托罗拉公司开发的 MC14500 系列。之后发展起来的民用 74 高速 CMOS 系列电路，其逻辑功能及引脚排列与相应的 TTL74 系列相同，工作速度相当，而功耗却大大降低且提供较强的抗干扰能力和较宽的工作电压及工作温度范围。74 系列常用的有两类：74HC 系列和 74HCT 系列，74HC 系列为 CMOS 电平，74HCT 系列为 TTL 电平，可以与同序号 TTL74 系列互换使用。

74BiCMOS 系列是将高速双极型晶体管和低功耗 CMOS 相结合构成的低功耗和高速的数字逻辑系列。74BCT 是德州仪器公司制造的 BiCMOS 系列，74ABT 是飞利浦制造的

BiCMOS 系列。

　　CMOS 逻辑 IC 的功耗几乎随着电源电压的平方下降,因此,开发了 LV、LVC、LVT、ALVC 等低电压系列器件,常用于笔记本电脑、移动电话、手持式视频游戏机和高性能工作站。

　　2) 集成电路的主要参数

　　(1) 逻辑电平:数字逻辑芯片用两个不同的电压范围来表示逻辑 1 和逻辑 0。理想的逻辑 1 定义为器件的电源电压值,逻辑 0 定义为 0 V。在实际应用中,由于噪声的影响也不能如此精确的定义逻辑 0 和逻辑 1,而是定义两个电压范围来表示逻辑 0 和逻辑 1,如图 3.2.1 所示。不同逻辑系列这个范围有所不同,同一器件输入和输出数字信号的逻辑 0 和 1 的电压范围也不同。

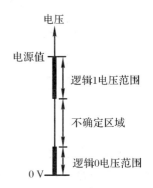

图 3.2.1　逻辑 0 和 1 的表示

　　(2) 扇出系数:是指在保证电路正常工作的条件下,输出最多能驱动的同类门的数量。扇出是衡量逻辑门输出端带负载能力的一个重要参数。扇入系数是指逻辑门中可用的输入数。

　　(3) 功耗:是指逻辑门所消耗的电源功率。

　　(4) 传输延迟:是指加在输入端二进制信号值发生变化时,信号从门的输入端传播到输出端的平均传输延迟。

　　(5) 噪声容限:是指加在一个输入信号上的最大外部噪声电压。

　　3) TTL 和 CMOS 系列中小规模集成器件的命名

　　数字逻辑 IC 的不同制造商都将编号方案标准化,其基本部分的数字相同,与制造商无关。数字的前缀依制造商而异。例如,一个器件名称为 S74F08N 的 IC,其中的 7408 属于基本部分,对所有制造商 7408 都代表四与门,F 表示快速系列,前缀 S 表示制造商 Signetics 的代号,后缀 N 表示封装类型为双列直插塑料封装。有些制造商的数据手册将 7408 写成 5408/7408,54×× 系列是 TTL 军用等级,其工作环境温度扩展到 −55～+125 ℃;74×× 系列是 TTL 普通商用等级,其工作环境温度范围一般是 0～70 ℃,两者对电源的要求也不同。

3. 集成逻辑门的封闭特点

　　常用的集成门电路,大多采用双列直插式封装 (DIP),外形如图 3.2.2 所示。集成芯片表面有一个缺口(作为引脚编号的参考标志),如果将芯片插在实验板上且缺口朝左边,则引脚的排列规律为:左下管脚为 1 引脚,其余以逆时针方向从小到大顺序排列。一般引脚数为:14、16、20 等。绝大多数情况下,电源从芯片左上角的引脚接入,地接右下引脚。一块芯片中

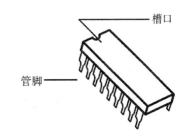

图 3.2.2　双列直插式封装集成组件

可集成若干个(1、2、4、6 等)同样功能但又各自独立的门电路,每个门电路则具有若干个 (1、2、3 等)输入端。输入端数有时称为扇入数。

　　7404 是 14 引脚双列直插式集成芯片,其内部集成了 6 个各自独立的反相器电路。7400

也是 14 引脚双列直插式集成芯片，内部集成了 4 个独立的 2 输入与非门，如图 3.2.3 所示。

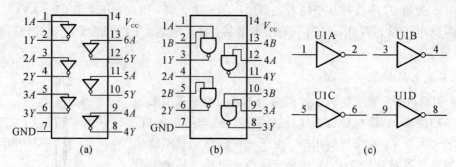

图 3.2.3 7404 和 7400 功能及符号图

(a) 6 反相器；(b) 4 与非门；(c) EDA 软件中调用的 7404

如果用电子设计自动化(EDA)软件进行电路设计，出现在原理图中的集成门芯片仍然是门的逻辑符号，只是门的输入端与输出端引脚会与相应 IC 对应，并依据 IC 集成门的个数自动排列。比如，在某设计中需要用到 4 个反相器，如果选 7404，并将芯片命名为 U1，则原理图中出现的 4 个反相器如图 3.2.3(c)所示，软件自动将 6 个门按 A、B、C、D、E 和 F 排列，并给出每个门输入输出对应 IC 的引脚，例如图中，反相器 U1D 的输入为 7404 芯片的 9 引脚而输出从 8 引脚引出。

需要说明的一点是，在原理图中几乎所有 IC 的电源与地端都没有出现，但在实验连线时，电源与地是必不可少的。

3.2.2 TTL 系列集成门电路及技术指标

1. TTL 与非门的外特性及有关参数

所谓 TTL 与非门的外部特性是指电压传输特性、输入特性和输出特性。

1) 电压传输特性

图 3.2.4 表示 TTL 与非门作为非门时典型的电压传输特性，它直观地反映输出电压 u_O 随输入电压 u_I 变化的规律。

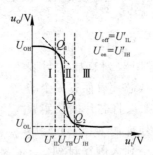

图 3.2.4 与非门的电压传输特性

TTL 与非门的有关参数：

(1) 关门电平 U_{off}（也记为 $U_{IL\,max}$，即输入低电平最大值）。当 $u_I < U_{off}$ 时，输出为高电平。U_{off} 给出了输入低电平的上限值，在使用时，输入低电平绝不能大于 U_{off}，否则将引起逻辑混乱。U_{off} 的典型值 0.8 V。

（2）开门电平 U_{on}（$U_{\text{IH min}}$ 即输入高电平最小值）。当 $u_1 > U_{\text{on}}$ 时，输出为低电平。U_{on} 的典型值为 2 V。

（3）输出高电平下限值 $U_{\text{OH min}}$。$U_{\text{OH min}}$ 的典型值为 2.4 V。

（4）输出低电平上限值 $U_{\text{OL max}}$。$U_{\text{OL max}}$ 的典型值为 0.4 V。

（5）抗干扰度。抗干扰度也称噪声容限，反映了电路在多大的干扰电压 u_{N} 下仍能正常工作。集成门的噪声容限 U_{N} 有高电平噪声容限 U_{NH} 和低电平噪声容限 U_{NL} 之分，由图 3.2.5 可得驱动门带同类负载门的 U_{NH} 和 U_{NL}

$$U_{\text{NH}} = U_{\text{OH min}} - U_{\text{on}} = U_{\text{OH min}} - U_{\text{IH min}} \tag{3.2.1}$$

$$U_{\text{NL}} = U_{\text{off}} - U_{\text{OL max}} = U_{\text{IL max}} - U_{\text{OL max}} \tag{3.2.2}$$

故 TTL 与非门典型的噪声容限为

$$U_{\text{NH}} = 2.4 - 2 = 0.4(\text{V}), \quad U_{\text{NL}} = 0.8 - 0.4 = 0.4(\text{V})$$

U_{off} 与 U_{on} 越接近，即 U_{on} 越小，U_{off} 越大，则 U_{NH}、U_{NL} 越大，抗干扰能力就越强。

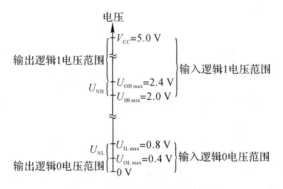

图 3.2.5　噪声容限简单表示

（6）阈值电压 U_{th}（Threshold Voltage）。在一定条件下，可以将与非门的电压传输特性理想化，认为 $U_{\text{off}} = U_{\text{on}} = U_{\text{th}}$。此时，$U_{\text{th}}$ 的典型值为 1.4 V。

2）输入特性

如图 3.2.6 所示分别为 TTL 与非门的输入特性电路图和曲线图，它直观地反映了门电路的输入电流 i_1 与输入电压 u_1 之间的关系。与输入特性有关的参数有：

（1）输入短路电流 I_{IS}。I_{IS} 是将与非门输入端短路时的输入电流，可以近似认为输入低电平电流 $I_{\text{IL}} \approx I_{\text{IS}}$。

（2）高电平输入电流 I_{IH}。高电平输入电流 I_{IH} 很小，通常约几十微安。

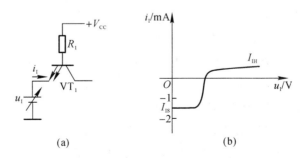

图 3.2.6　TTL 与非门的输入特性

3）输出特性

输出特性反映了输出电压 u_O 随输出负载电流 i_L 变化的关系。与非门输出有高、低电平两种状态，如图 3.2.7(a)所示是高电平输出特性，如图 3.2.7(b)所示是低电平输出特性。

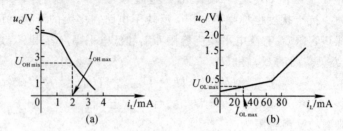

图 3.2.7　输出特性

（a）高电平输出特性；（b）低电平输出特性

4）动态响应特性（开关速度）

上述电压传输特性中，输入特性、输出特性都是不随时间变化的，都未反映输入信号从一个电平跳到另一个电平（脉冲工作状态时）时电路的响应情况，故它们是静态特性。在实际应用中，往往有脉冲信号加到门电路的输入端，门电路输出对输入脉冲的响应称为门的动态特性。动态特性用门的平均传输延迟时间、上升时间、下降时间等参数来描述。

典型 TTL 与非门的平均传输延迟时间 $t_{pd}=10\sim20$ ns。

5）电源电流及功耗

（1）电源电流。目前我国各系列 TTL 的电源电流值相差很多，低功耗的可小于 0.3 mA，高者可达 4 mA 左右，但高功耗 TTL 门的开关速度较快。

（2）功耗。功耗是指组件工作时消耗的功率，它等于电源电压 V_{CC} 与电源电流之积。输入全 0 时和输入全 1 时的功耗是不一样的，通常取其平均值。

需要指出的是，要求低功耗往往与提高门电路的开关速度相矛盾。常用功耗 P 和传输时延 t_{pd} 的乘积，即功耗-时延积 M 作为衡量一个门的品质指标。

$$M=P \cdot t_{pd} \tag{3.2.3}$$

M 习惯上又称为速度-功耗积。M 值越大，表示组件的性能越差。

2. 其他 TTL 集成逻辑门

TTL 与非门是目前大量生产和使用的门电路。在 TTL 门电路产品中，还有一些其他功能的产品，例如与门、非门、或门、集电极开路门及三态逻辑门等。

1）集电极开路门（OC 门）

集电极开路门是一种改进型的 TTL 集成逻辑门电路，这种门电路可将多个 OC 门的输出端接在一起，完成"线与"逻辑。

图 3.2.8 为 TTL OC 与非门的逻辑符号，由于 OC 门不含有源负载，其带负载能力和速度都较普通的 TTL 门差。

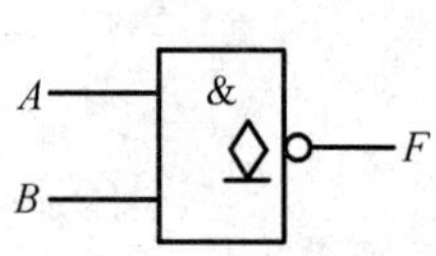

只要简单地将 OC 门的外接电阻 R_C 接到另一电源 V_{CC2} 上，则输出高电平 $U_{OH}=V_{CC2}$，输出低电平 U_{OL} 仍等于 TTL

图 3.2.8　OC 门的逻辑符号

电平,从而可以很方便地实现 TTL 逻辑电平到其他电平的转换。这是 OC 门的另一优点。

OC 门还可以用来作为接口电路。所谓接口电路,就是将一种逻辑电路和其他不同特性的逻辑电路或其他外部电路相连的电路。如图 3.2.9 所示为 OC 门直接驱动发光二极管的接口电路。

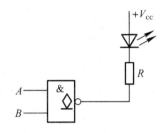

图 3.2.9　用 OC 门驱动发光二极管

2）三态逻辑门（TSL 门）

三态逻辑门的输出有三种状态:除通常的逻辑 0 和逻辑 1 外,还有第三种状态,即高阻抗状态。

三态逻辑非门的逻辑符号如图 3.2.10(b)和(c)所示。可以看到,除输入端 A 和输出端 F 外,还有一个控制引入端,称为使能输入端,用符号 EN 表示。要注意,$\overline{\text{EN}}$ 和输入端上的小圆圈表示低电平有效,即 $\overline{\text{EN}}$ 为低电平,门的输出 F 等于 $\overline{A}$。若 $\overline{\text{EN}}$ 为高电平,门的输出为高阻抗,与其他电路断开。三态逻辑非门的等效电路如图 3.2.10 (a) 所示。

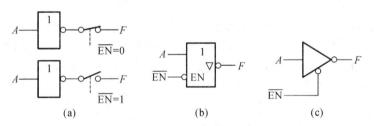

(a)　　　　　　　　　(b)　　　　　　　　　(c)

图 3.2.10　三态输出非门

(a) 等效电路;(b) 国标符号;(c) 国外流行符号

上述逻辑关系的逻辑表达式为

$$\overline{\text{EN}}=0,\ F=\overline{A};\quad \overline{\text{EN}}=1,\ F=Z\text{（高阻）}$$

在逻辑电路的输出端接上三态逻辑门后,就允许多个输出端直接并联而不需外接其他电阻。这种接法主要用在计算机的总线(Bus)结构中。图 3.2.11 为在总线上接有几个逻辑电路的例子。

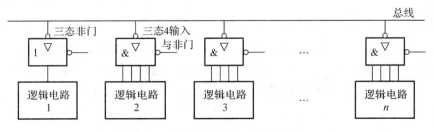

图 3.2.11　挂接若干三态门的总线

3）异或门

异或逻辑函数为 $F = \overline{A}B + A\overline{B}$ 或 $F = A \oplus B$，即 A 与 B 相异时 F 为 1，相同时为 0。完成异或运算的门电路叫异或门，逻辑符号如图 3.2.12 所示。

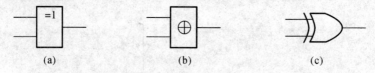

图 3.2.12　异或门的逻辑符号

（a）国际符号；（b）曾用符号；（c）国外流行符号

还有一种实现同或逻辑的集成门，它可由异或非门实现。逻辑函数为 $F = \overline{A \oplus B} = AB + \overline{A}\overline{B}$。这种关系说明：只有当 A 和 B 同为 0 或同为 1 时，输出才为 1，因此称为同或门，它的逻辑关系也可以用 $F = A \odot B$ 来表示，逻辑符号如图 3.2.13 所示。

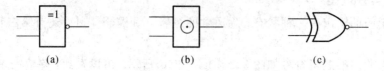

图 3.2.13　同或门的逻辑符号

（a）国际符号；（b）曾用符号；（c）国外流行符号

3.2.3　CMOS 集成门电路

CMOS 集成电路采用 MOSFET 作为基本单元，与 TTL 的功能几乎相同，但功耗很低。CMOS 的工作速度可与 TTL 相媲美，功耗和扇出数远优于 TTL，抗干扰能力也比 TTL 强。目前，几乎所有的大规模集成电路都采用 CMOS 工艺制造，且费用较低。CMOS 逻辑电路的主要特点如下：

（1）功耗小。在静态时电流很小，约为纳安(10^{-9} A)数量级。

（2）扇出能力强。CMOS 门的扇出系数很大，一般大于 50。

（3）CMOS 逻辑电路电源电压范围宽。CMOS 集成电路通常使用的电源电压与 TTL 集成电路一样为 5 V。但多数 CMOS 芯片可在一个很宽的电源范围正常工作(典型值为 5～15 V)，而更为先进的设计采用的是 3.3 V 甚至更低电源供电。

（4）CMOS 逻辑电路噪声容限大。CMOS 电路的门槛电压一般是电源电压的一半，其高电平和低电平噪声容限范围大，抗干扰能力强。

3.2.4　TTL 和 CMOS 集成门接口问题及使用注意事项

1. TTL 与 CMOS 系列之间的接口问题

无论是用 TTL 电路驱动 CMOS 电路，还是用 CMOS 电路驱动 TTL 电路，由于每种器件的电压和电流参数各不相同，因而需要考虑两者之间是否能完全兼容，若不能兼容则要采用接口电路。一般需要考虑的就是电平是否兼容以及带负载能力等两方面问题。

1）TTL 驱动 CMOS

TTL 带 CMOS 负载能力是非常强大的，而且 TTL 低电平输出也在 CMOS 输入认可的低电平范围之内。但 74 系列 TTL 的输出高电平的最小值是 2.4 V，而 74HC 系列 CMOS 认可的输入高电平最小值是 3.5 V，因此，必须设法将 TTL 电路输出的高电平提升到 3.5 V 以上。最简单的解决办法是在 TTL 电路的输出端与 CMOS 门的电源之间接入上拉电阻 R，以保证输出高电平被提至 V_{DD}。

2）CMOS 驱动 TTL

如果用 74HC 系列 CMOS 电路驱动 74 系列 TTL 电路，CMOS 的输出高低电平极限值完全在 TTL 输入电平范围之内。但 CMOS 的带负载能力较差。

2. 逻辑门电路使用中的几个实际问题

1）输入端电阻对 TTL 门工作状态的影响

在 TTL 门的任一输入端接一电阻 R，会对影响门的工作状态。

把保证输出为低电平的输入电阻的最小值称为"开门电阻"，记为 R_{on}，典型值为 2 kΩ。把保证输出为高电平的输入电阻的最大值称为"关门电阻"，记为 R_{off}，典型值为 0.7 kΩ。显然，TTL 与非门的输入端串接的电阻 $R \geqslant R_{on}$ 时，该端相当于高电平；而当 $R \leqslant R_{off}$ 时，相当于低电平，与非门输出为高电平。

2）不使用的输入端的处理

将不使用的输入端固定在一高（低）电平上，比如接至电源的正端（或地）；或者将它们与信号输入端并联在一起，如图 3.2.14、图 3.2.15 所示。

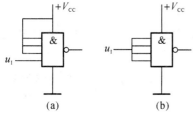 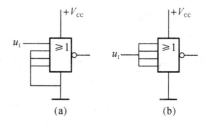

图 3.2.14　与非门不使用输入端的接法　　　　图 3.2.15　或非门不使用输入端的接法

（a）接至电源；（b）与信号输入端接一起　　　（a）接至地；（b）与信号输入端接一起

3）尖峰电流的影响

由于 TTL 门输出为 1 和 0 时，内部三极管的工作状态不同，因此从电源 V_{CC} 供给 TTL 门电路的电流 I_{EL} 和 I_{EH} 是不同的，如图 3.2.16(b) 所示。实际的电流如图 3.2.16(c) 所示，它具有很短暂幅值大的尖峰电流，特别是在输出电平由 U_{OL} 转变到 U_{OH} 的时刻更为突出（见图 3.1.16(a)）。这种尖峰电流可能干扰整个数字系统的正常工作。实验表明，对于一般的与非门，电源的尖峰电流有时可达 40 mA 左右。

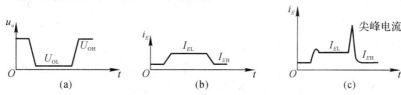

图 3.2.16　电源中的尖峰电流

尖峰电流的存在给逻辑系统带来不良的影响。门电路产生的尖峰电流将在电源内阻抗上产生压降，使公共电源的电压跳动而形成一干扰源，结果使门的输出中叠加有干扰脉冲，这种干扰通过电源内阻造成门电路间的相互影响，严重时会导致逻辑上的错误。此外，尖峰电流还将使电源的平均电流增加，在信号频率较高的情况下，将显著增加门的平均功耗。为此，必须设法减小这些电流并抑制它们的影响。常用的办法是在靠近门电路的电源与地之间接一滤波电容。

3.3 组合逻辑电路的分析和设计

教学目标

(1) 理解常用的 MSI 组合逻辑器件；

(2) 掌握基于门电路的组合逻辑电路分析与设计方法；

(3) 掌握基于 MSI 的组合逻辑电路分析与设计方法。

教学建议

以讲授、自学、课堂讨论等多种方法组织教学。

3.3.1 门级组合电路的分析和设计

1. 分析方法

组合电路的分析就是确定组合电路的实现函数，它开始于一个给定的逻辑图，结束于一组布尔函数、真值表和电路功能的描述。

分析的第一步就是要确认给定的电路是组合电路而非时序电路。组合电路图只有逻辑门或者组合 MSI，没有反馈路径或存储单元。

基于门电路的组合电路，分析的流程如图 3.3.1 所示。

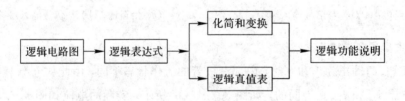

图 3.3.1 门级组合逻辑电路分析方法流程图

根据流程图 3.3.1 写出分析步骤如下：

(1) 写出逻辑函数表达式。从逻辑电路图的输入到输出（或从输出到输入）逐级写出电路的逻辑函数表达式。

(2) 进行逻辑化简和变换或写出逻辑真值表。

(3) 分析和说明电路的逻辑功能。根据真值表或逻辑表达式说明电路的逻辑功能。

【例 3.3.1】 试分析如图 3.3.2 所示电路的逻辑功能。

【解】 (1) 写出逻辑表达式。

从输入到输出逐级写出电路的逻辑函数式，由图 3.3.2 可得

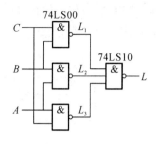

$$L_1 = \overline{CB}, \quad L_2 = \overline{BA}, \quad L_3 = \overline{AC}$$

$$L = \overline{L_1 \cdot L_2 \cdot L_3} = \overline{\overline{CB} \cdot \overline{BA} \cdot \overline{AC}}$$

（2）将逻辑函数变换如下：

$$L = CB + BA + AC$$

列出逻辑函数的真值表见表 3.3.1。

图 3.3.2　例 3.3.1 的电路图

表 3.3.1　例 3.3.1 的真值表

输　入	CBA	000	001	010	011	100	101	110	111
输　出	L	0	0	0	1	0	1	1	1

（3）分析逻辑功能。

由表 3.3.1 可见，当输入变量 A、B 和 C 中有两个或两个以上取值为 1 时，输出函数 $L=1$；否则 $L=0$。因此，该电路可实现多数表决逻辑功能。如一项提案需要三人投票通过，当多人投赞成票（输入逻辑变量为 1）时，该提案获准通过（$L=1$），否则提案被否决（$L=0$）。

2. 设计方法

门级组合逻辑电路基本设计方法流程如图 3.3.3 所示。

图 3.3.3　门级组合逻辑电路设计方法流程图

根据流程图 3.3.3 写出设计步骤如下：

（1）列逻辑真值表。首先根据逻辑命题选取输入逻辑变量和输出逻辑变量。一般把引起事件的原因作为输入变量，把事件的结果作为输出变量。然后用二值逻辑 0 和 1 分别代表输入和输出逻辑变量的两种不同状态，称为逻辑赋值。进而根据实际逻辑问题的因果关系列出逻辑真值表。

（2）写出逻辑函数表达式。由真值表写出逻辑函数表达式。

（3）对逻辑函数式进行化简和变换。根据选用的逻辑门的类型，将函数式化简或变换为最简式。

（4）画出逻辑电路图。在实际数字电路设计中，还须选择器件型号。逻辑变量赋值不同或逻辑器件选择不同，电路设计的结果都将有所不同。

【例 3.3.2】　为燃油蒸汽锅炉设计一个过热报警装置。要求用三个数字传感器分别监视燃油喷嘴的开关状态、锅炉中的水温和压力是否超标。当喷嘴打开且压力或水温过高时，应发出报警信号。

【解】　（1）列真值表。

将喷嘴开关、锅炉水温和压力作为输入逻辑变量，分别用 C、B 和 A 表示。C 为 1 表示喷嘴打开，C 为 0 表示喷嘴关闭；B 和 A 为 1 表示温度和压力过高，为 0 表示温度和压力正

常。报警信号作为输出变量,用 L 表示。L 为 0 表示正常,L 为 1 报警。根据题意,列真值表如表 3.3.2 所示。

表 3.3.2 例 3.3.2 的真值表

输　入	CBA	000	001	010	011	100	101	110	111
输　出	L	0	0	0	0	0	1	1	1

(2) 写出逻辑函数表达式如下:

$$L = C\overline{B}A + CB\overline{A} + CBA$$

(3) 将逻辑函数化简为最简与或表达式

$$L = CB + CA \tag{3.3.1}$$

也可将上式变换为与非-与非表达式

$$L = \overline{\overline{CB + CA}} = \overline{\overline{CB} \cdot \overline{CA}} \tag{3.3.2}$$

(4) 画逻辑电路图。

若用集成门电路直接实现式(3.3.1)表示的与或表达式,至少需要与门和或门两种类型的门电路,如图 3.3.4(a)所示;若用门集成实现式(3.3.2)表示的与非表达式,则用一片四个 2 输入与非门 74LS00 即可,如图 3.3.4(b)所示。从原理设计的角度来看,图 3.3.4 (a)中的逻辑图已是最简电路,但从工程设计的角度来考虑,图 3.3.4(b)电路才是使用门电路类型最少、集成块数最少和外部连线最少的最简设计。

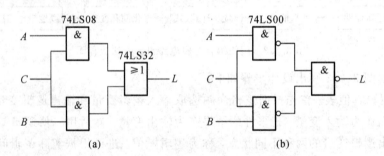

图 3.3.4 例 3.3.2 的逻辑电路图
(a) 用与门和或门实现;(b) 用与非门实现

3.3.2 译码器和编码器

1. 译码器

译码就是把一些编码(比如二进制码、8421BCD 或十六进制码)转换为可识别的数字或特征信号。具有译码功能的 MSI 芯片称为译码器(Decoder),译码器是一种常用的组合功能电路,有许多不同型号的集成译码器。

如果译码器只有一个输出端为有效电平,其余输出端为相反电平,这种译码电路称为"唯一"地址译码电路,也称为基本译码器,常用于计算机中对存储器地址的译码;另外,也可以有多个输出为有效电平,比如,74LS47 七段显示译码器。

1) 3-8 线译码器

74LS138 是最常用的集成译码器之一，符号图如图 3.3.5 所示。74LS138 有 3 个译码输入端 A_2、A_1 和 A_0，8 个输出端 $Y_0 \sim Y_7$，因此称为 3-8 线译码器，它有 ST_A、ST_B 和 ST_C 3 个控制输入端(使能控制端)，以增加使用灵活性。表 3.3.3 是 74LS138 译码器的功能表。

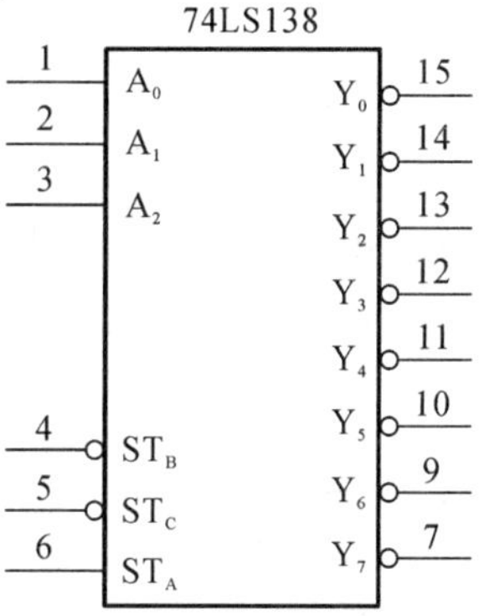

表 3.3.3 3-8 线译码器 74LS138 的功能表

控制输入		译码输入			输　　出							
ST_A	$\overline{ST_B}+\overline{ST_C}$	A_2	A_1	A_0	$\overline{Y_0}$	$\overline{Y_1}$	$\overline{Y_2}$	$\overline{Y_3}$	$\overline{Y_4}$	$\overline{Y_5}$	$\overline{Y_6}$	$\overline{Y_7}$
$\times$	1	$\times$	$\times$	$\times$	1	1	1	1	1	1	1	1
0	$\times$	$\times$	$\times$	$\times$	1	1	1	1	1	1	1	1
1	0	0	0	0	0	1	1	1	1	1	1	1
1	0	0	0	1	1	0	1	1	1	1	1	1
1	0	0	1	0	1	1	0	1	1	1	1	1
1	0	0	1	1	1	1	1	0	1	1	1	1
1	0	1	0	0	1	1	1	1	0	1	1	1
1	0	1	0	1	1	1	1	1	1	0	1	1
1	0	1	1	0	1	1	1	1	1	1	0	1
1	0	1	1	1	1	1	1	1	1	1	1	0

图 3.3.5 74LS138 的符号图

由表 3.3.3 可见，输出端反码 $\overline{Y_0} \sim \overline{Y_7}$ 分别对应着二进制码 $A_2A_1A_0$ 的所有最小项的非，因此，该译码器又称为最小项唯一译码器。译码器每个输出端的逻辑函数式为

$$\overline{Y_0}=\overline{\overline{A_2}\,\overline{A_1}\,\overline{A_0}}=\overline{m_0} \qquad \overline{Y_1}=\overline{\overline{A_2}\,\overline{A_1}A_0}=\overline{m_1}$$

$$\overline{Y_2}=\overline{\overline{A_2}A_1\overline{A_0}}=\overline{m_2} \qquad \overline{Y_3}=\overline{\overline{A_2}A_1A_0}=\overline{m_3}$$

$$\overline{Y_4}=\overline{A_2\overline{A_1}\,\overline{A_0}}=\overline{m_4} \qquad \overline{Y_5}=\overline{A_2\overline{A_1}A_0}=\overline{m_5} \qquad (3.3.3)$$

$$\overline{Y_6}=\overline{A_2A_1\overline{A_0}}=\overline{m_6} \qquad \overline{Y_7}=\overline{A_2A_1A_0}=\overline{m_7}$$

2) 译码器的扩展和应用

74LS138 的三个控制端为译码器的扩展及灵活应用提供了方便。例如用两片 74LS138 按图 3.3.6(a)连接，可方便地扩展成如图 3.3.6(b)所示的 4-16 线译码电路。

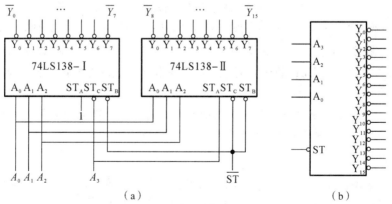

（a）　　　　　　　　　　　　　　　（b）

图 3.3.6 3-8 线译码器扩展为 4-16 线译码器

（a）用 3-8 线译码器扩展图；（b）4-16 线译码器符号图

最小项唯一译码器的基本应用是作为地址译码器。另外，由于译码器的每个输出端对应着地址输入变量的一个最小项，而任何逻辑函数都可表示为最小项之和的形式，因此，可用这类译码器方便地构成多输出的逻辑函数发生器。

2. BCD－七段显示译码器

数字系统中使用的是二进制数，但在数字测量仪表和各种显示系统中，常需将数字量用人们习惯的十进制字符直观地显示出来，这就要靠专门的译码电路把二进制数译成十进制字符，通过数码显示器显示出来。

1）七段数码管的结构及工作原理

七段数码管（也称为七段 LED 数码管）的结构如图 3.3.7（a）和（b）所示，它由七个离散的发光二极管集成在一起排列成 8 字形成，用于显示十进制数字，BCD 码和发光段之间的对应关系如图 3.3.7(c)所示。

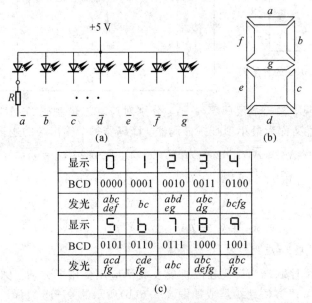

显示	0	1	2	3	4
BCD	0000	0001	0010	0011	0100
发光	$\frac{abc}{def}$	bc	$\frac{abd}{eg}$	$\frac{abc}{dg}$	$bcfg$
显示	5	6	7	8	9
BCD	0101	0110	0111	1000	1001
发光	$\frac{acd}{fg}$	$\frac{cde}{fg}$	abc	$\frac{abc}{defg}$	$\frac{abc}{fg}$

(c)

图 3.3.7　数码管物理结构

(a) LED 数码管物理结构；(b) 共阳极 LED 数码管内部框图；(c) BCD 显示的对应段列表；

当选用共阳极 LED 数码管时，应使用低电平有效的七段译码器驱动（如 74LS46、74LS47）；当选用共阴极 LED 数码管时，应使用高电平有效的七段译码器驱动（如 74LS48、74LS49）。通常 1 英寸以上数码管的每个发光段由多个二极管复联组成，需要较大的驱动电压和电流，由于 TTL 集成电路的低电平驱动能力比高电平驱动能力大得多，所以常用低电平有效 OC 门输出的七段译码器。

2）BCD－七段译码器

图 3.3.8 给出了 BCD－七段译码器 74LS47 的符号图，其功能见表 3.3.4。由表可以看出，该电路的输入 $A_3A_2A_1A_0$ 是 4 位 BCD 码，输出是驱动数码管工作的七段反码 $\bar{a} \sim \bar{g}$。表中反码为 0 表示该段点亮，为 1 表示熄灭。需要注意的是 74LS47 输入 4 位码对应的输出是 7 位码，且可能是多位有效，不像基本译码器只有一个端子输出有效译码信号。

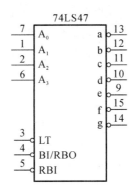

图 3.3.8　74LS47 的符号图

表 3.3.4　74LS47 功能表

十进制数字或功能	输　入						输　出								显示字形
	$\overline{LT}$	$\overline{RBI}$	A_3	A_2	A_1	A_0	$\overline{BI}/\overline{RBO}$	$\overline{a}$	$\overline{b}$	$\overline{c}$	$\overline{d}$	$\overline{e}$	$\overline{f}$	$\overline{g}$	
0	1	1	0	0	0	0	1	0	0	0	0	0	0	1	0
1	1	×	0	0	0	1	1	1	0	0	1	1	1	1	1
2	1	×	0	0	1	0	1	0	0	1	0	0	1	0	2
3	1	×	0	0	1	1	1	0	0	0	0	1	1	0	3
4	1	×	0	1	0	0	1	1	0	0	1	1	0	0	4
5	1	×	0	1	0	1	1	0	1	0	0	1	0	0	5
6	1	×	0	1	1	0	1	1	1	0	0	0	0	0	6
7	1	×	0	1	1	1	1	0	0	0	1	1	1	1	7
8	1	×	1	0	0	0	1	0	0	0	0	0	0	0	8
9	1	×	1	0	0	1	1	0	0	0	1	1	0	0	9
10	1	×	1	0	1	0	1	1	1	1	0	0	1	0	
11	1	×	1	0	1	1	1	1	1	0	0	1	1	0	
12	1	×	1	1	0	0	1	1	0	1	1	1	0	0	
13	1	×	1	1	0	1	1	0	1	1	0	1	0	0	
14	1	×	1	1	1	0	1	1	1	1	0	0	0	0	
15	1	×	1	1	1	1	1	1	1	1	1	1	1	1	
$\overline{BI}$	×	×	×	×	×	×	0	1	1	1	1	1	1	1	熄灭
$\overline{RBI}$	1	0	0	0	0	0	0	1	1	1	1	1	1	1	灭零
$\overline{LT}$	0	×	×	×	×	×	1	0	0	0	0	0	0	0	试灯

$\overline{LT}=0$，不论$\overline{RBI}$和 $A_3A_2A_1A_0$输入为何值，数码管的七段全亮，工作时应置$\overline{LT}=1$。$\overline{RBI}$是灭零输入，用来熄灭不需要显示的 0。$\overline{BI}$是熄灭信号输入，可控制数码管是否显示。$\overline{RBO}$是灭零输出。$\overline{RBO}$和$\overline{BI}$在芯片内部是连在一起的，共用一根引脚。当$\overline{LT}=1$，$\overline{RBI}=0$，且 $A_3A_2A_1A_0=0000$ 时，数码管不显示，$\overline{BI}/\overline{RBO}$输出为 0。多位数显示电路中，在显示数据小数点左边，将高位的 BI/RBO 端与相邻低位的 RBI 端相连，最高位 RBI 端接地；在小

数点右边将低位的 BI/RBO 端接到相邻高位的 RBI 端上，最低位的 RBI 端接地。这样，可将有效数字前后的零灭掉，具体电路这里不再赘述。常用的 BCD -七段显示译码器还有 74LS46、74LS48、74LS347 和 CD4056B 等。

3. 编码器

编码器是实现译码器相反运算的数字部件，有 2^n（或少于 2^n）个输入线和 n 个输出线，输出线产生对应与输入信号值的二进制码或 BCD 码（或者对应的反码）。具有编码功能的电路称为编码电路，而相应的 MSI 芯片称为编码器（Encoder）。按照被编码对象的不同特点和编码要求，输入线有优先级的编码器称为优先编码器，编码输出为 8421BCD 码，则称为8421BCD 编码器。

优先编码器对输入信号安排了优先编码顺序，允许同时输入多路编码信号，但编码电路只对其中优先权最高的一个输入信号进行编码，所以不会出现编码混乱。这种编码器广泛应用于计算机系统中的中断请求和数字控制的排队逻辑电路中。

图 3.3.9 是典型的 10 - 4 线优先编码器 74LS147 的符号图。表 3.3.5 是优先编码器的功能表，该器件为 10 - 4 线反码形式输出的 BCD 码优先编码器。

表 3.3.5　10 - 4 线优先编码器的功能表

输　　入									输　出			
$\bar{I}_1$	$\bar{I}_2$	$\bar{I}_3$	$\bar{I}_4$	$\bar{I}_5$	$\bar{I}_6$	$\bar{I}_7$	$\bar{I}_8$	$\bar{I}_9$	$\bar{Y}_3$	$\bar{Y}_2$	$\bar{Y}_1$	$\bar{Y}_0$
×	×	×	×	×	×	×	×	0	0	1	1	0
×	×	×	×	×	×	×	0	1	0	1	1	1
×	×	×	×	×	×	0	1	1	1	0	0	0
×	×	×	×	×	0	1	1	1	1	0	0	1
×	×	×	×	0	1	1	1	1	1	0	1	0
×	×	×	0	1	1	1	1	1	1	0	1	1
×	×	0	1	1	1	1	1	1	1	1	0	0
×	0	1	1	1	1	1	1	1	1	1	0	1
0	1	1	1	1	1	1	1	1	1	1	1	0
1	1	1	1	1	1	1	1	1	1	1	1	1

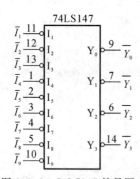

图 3.3.9　74LS147 符号图

3.3.3　多路选择器和多路分配器

1. 多路选择器

在数字系统中，有时需要将多路数字信号分时的从一条通道传送，完成这一功能的电路称为多路数据选择器（Multiplexer，简称 MUX）或者叫数据选择器。MUX 是从多路输入线中选择其中的一路到输出线上的一种组合电路，特定输入线的选择是由一组通道或地址选择线来控制的。通常，MUX 有 2^n 个输入线、n 个地址选择线和 1 个输出线，因此，称为 2^n 选 1 多路选择器。

1）MUX 功能描述

图 3.3.10 为一个 4 选 1 MUX，$D_0 \sim D_3$ 为 4 路数据输入端，$A_1 A_0$ 为通道或地址选择端，Y 为数据输出端，$A_1 A_0$ 为 00、01、10、11 时分别选择 D_0、D_1、D_2、D_3 由 Y 输出。

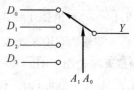

图 3.3.10　多路选择器的示意图

图 3.3.11 为中规模双 4 选 1 数据选择器 74LS253 符号图。它由两个完全相同的 4 选 1 数据选择器构成，$1D_0 \sim 1D_3$、$2D_0 \sim 2D_3$ 是两组独立的数据输入端；$1Y$、$2Y$ 分别为两组 MUX 的输出端；1EN 和 2EN 分别是两路选通输入端，选通信号 $\overline{EN} = 1$ 时，选择器被禁止，无论输入 A_1A_0 为何取值，输出均为高阻状态（用 Z 表示）；选通信号 $\overline{EN} = 0$ 时，选择器把与 A_1A_0 相应的一路数据选送到输出端。表 3.3.6 是 74LS253 的功能表。由表可知，当选通信号 $\overline{EN}$ 有效时，输出表示为

$$Y = D_0 \overline{A_1} \overline{A_0} + D_1 \overline{A_1} A_0 + D_2 A_1 \overline{A_0} + D_3 A_1 A_0 \tag{3.3.4}$$

显然，n 个地址输入端可选择 2^n 路输入数据，它的逻辑表达式可表示为

$$Y = \sum_{i=0}^{2^n - 1} m_i D_i \tag{3.3.5}$$

式中，n 为地址端个数，m_i 是地址选择 A_1A_0 的最小项，D_i 表示对应的输入数据。

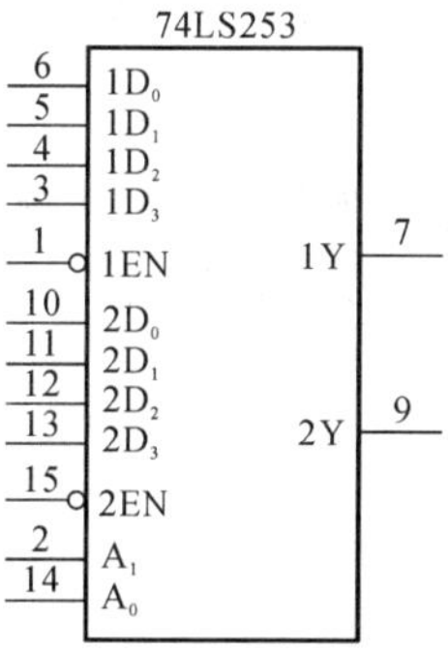

表 3.3.6　MUX 74LS253 功能表

输　　　　入			输出
选通	地址	数据	
$\overline{EN}$	$A_1 A_0$	D_i	Y
1	××	×	(Z)
0	0 0	$D_0 \sim D_3$	D_0
0	0 1	$D_0 \sim D_3$	D_1
0	1 0	$D_0 \sim D_3$	D_2
0	1 1	$D_0 \sim D_3$	D_3

图 3.3.11　74LS253 符号图

2）MUX 的扩展

如果需要选择的数据通道较多时，可以选用 8 选 1 或 16 选 1 数据选择器，也可以把几个 MUX 连接起来扩展数据输入端数。

例如用一片 74LS253 和若干门电路，可将双 4 选 1 的 MUX 扩展为一个 8 选 1 的 MUX。一个 8 选 1 MUX 的逻辑符号如图 3.3.12 所示，图 3.3.13 是由 74LS253 扩展的电路，由图 3.3.13 可知，当 $A_2 A_1 A_0$ 为 $000 \sim 011$ 时，选通 $1D_0 \sim 1D_3$ 输出，而当 $A_2 A_1 A_0$ 为 $100 \sim 111$ 时，选通 $2D_0 \sim 2D_3$ 输出。由于 74LS253 未选通的 MUX 输出端为高阻，因此可以将两个 MUX 的输出端直接连在一起，得到 8 选 1 的一个输出端 Y。

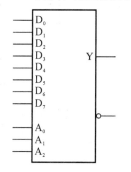

图 3.3.12　8 选 1 MUX 功能框图

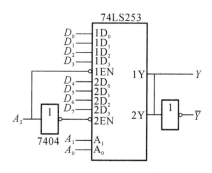

图 3.3.13　74LS253 扩展为 8 选 1 MUX

常用的双 4 选 1 数据选择器的型号有 74LS253、74LS153 和 MC14539B 等；常用的 8 选 1 数据选择器有 TTL 系列的 74LS151、74LS152、74LS251 和 CMOS 系列的 CD4512B、74HC151 等；常用的 16 选 1 数据选择器有 74LS150、74LS850 和 74LS851 等。

3）MUX 的应用

由多路选择电路的功能可知，MUX 可将一组并行输入数据转换为串行输出。又由于 MUX 的每一个数据输入端对应一个地址变量的最小项，因此可方便地实现单输出逻辑函数。

【例 3.3.3】 试分析图 3.3.14 的逻辑功能。

【解】 图 3.3.14 中 74LS151 的 8 个数据端 $D_0 \sim D_7$ 接 8 位并行数据，L 为数据输出，使能信号 $\overline{EN} = 0$，$A_2 A_1 A_0$ 送入 3 位地址码。

当地址码 $A_2 A_1 A_0$ 由 000～111 变化时，8 位并行输入数据依次传送到输出端，被转换为串行数据输出。

如果输入数据 $D_0 \sim D_7$ 固定为 11011001，$A_2 A_1 A_0$ 由 000～111 循环变化，在输出可得到周期变化的串行数据，波形如图 3.3.15 所示。该电路实现了一个序列发生器。

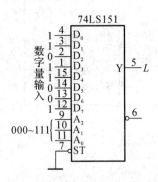

图 3.3.14　例 3.3.3 的逻辑电路图

图 3.3.15　例 3.3.3 的输出波形图

【例 3.3.4】 试用 MUX 实现下面的逻辑函数：

$$L = AB + B\overline{C} + \overline{A}\,\overline{B}\,\overline{C} + A\overline{B}C$$

【解】 由于本题要求实现一个 3 输入变量的逻辑函数，将原函数 L 写成最小项之和的形式，则有

$$L = \overline{C}\,\overline{B}\,\overline{A} + \overline{C}B\overline{A} + \overline{C}BA + C\overline{B}A + CBA$$

$$= \sum m(0, 2, 3, 5, 7)$$

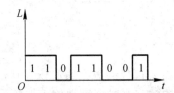

与 8 选 1 MUX 的逻辑功能表达式 $Y = \sum\limits_{i=0}^{7} m_i D_i$ 相比较，

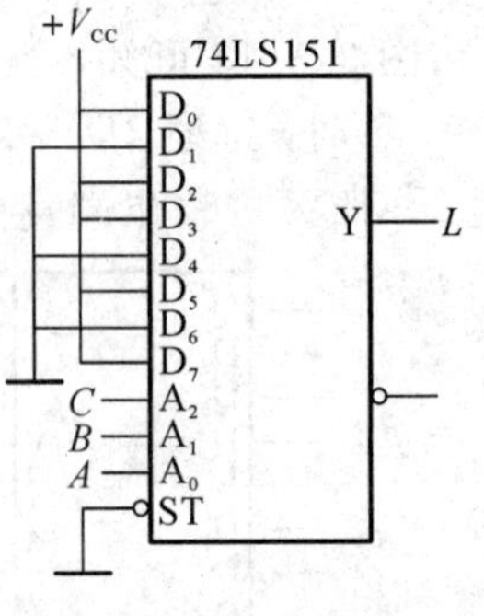

图 3.3.16　例 3.3.4 的逻辑电路图

令 $CBA = A_2 A_1 A_0$，$L = Y$，当上式中 $D_1 = D_4 = D_6 = 0$；$D_0 = D_2 = D_3 = D_5 = D_7 = 1$ 时，即可实现 L 的逻辑函数。逻辑电路连接如图 3.3.16 所示。

2. 多路分配器

与多路选择器相反，多路分配器（Demultiplexer，简称 DMUX）是将一条通道上的数字

信号分时送到不同的数据通道上，图 3.3.17 为多路分配器功能示意图，其中，A_1A_0 数据分配地址选择端。

多路分配器可以用译码器来实现，由译码器实现多路分配器功能时，通常将译码器的译码输入端作为分配器的数据分配地址选择输入端，将译码器的其中一个使能端作为一路数据输入端。

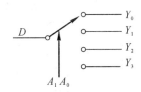

图 3.3.17　多路分配器的示意图

3.3.4　加法器和比较器

1. 加法器

图 3.3.18 为中规模 4 位二进制超前进位全加器 74LS283 的符号图。其中 $A_1 \sim A_4$、$B_1 \sim B_4$ 分别为 4 位加数和被加数输入端，$F_1 \sim F_4$ 为 4 位和输出端，CI 为进位输入端，CO 为进位输出端。

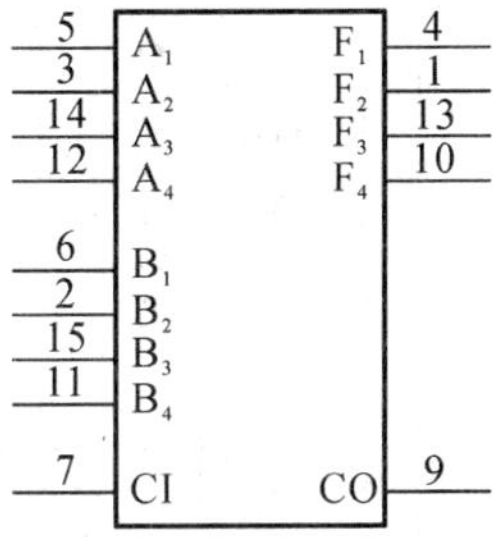

目前中规模集成超前进位全加器多为 4 位。加法器除可构成加法运算电路外，还可构成减法器、乘法器和除法器等多种运算电路。

【例 3.3.5】　试设计一个将 8421BCD 码转换为余三码的逻辑电路。

【解】　由 3.1.1 节中有关内容可知，余三码 $L_3 L_2 L_1 L_0$ 与 8421BCD 码 $A_3 A_2 A_1 A_0$ 总是相差 0011。因此，8421BCD 码与余三码之间逻辑表达式可写为

$$L_3 L_2 L_1 L_0 = A_3 A_2 A_1 A_0 + 0011$$

由于输出与输入仅差一个常数，用加法器实现该设计最简单。将 8421BCD 码连接到 4 位二进制全加器 74LS283 的一组输入端，另一组输入端接二进制数 0011，输出即为余三码。画逻辑电路如图 3.3.19 所示。

2. 数值比较器

在数字系统和计算机中，经常需要比较两个二进制数的大小，完成这一功能的逻辑电路称为数值比较电路，相应的器件称为比较器(Digital Comparator)。

图 3.3.20 为 4 位数值比较器 74LS85 的符号，其中，$A_3 \sim A_0$、$B_3 \sim B_0$ 是相比较的两组 4 位二进制数的输入端，$Y_{A<B}$、$Y_{A=B}$、$Y_{A>B}$ 是比较结果输出端，$I_{A<B}$、$I_{A=B}$、$I_{A>B}$ 是级联输入端，用于扩展多于 4 位的两个二进制数的比较。表 3.3.7 给出了 74LS85 的功能表。

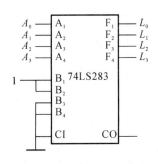

图 3.3.18　74LS283 的符号图

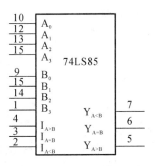

图 3.3.19　例 3.3.5 的电路逻辑图

图 3.3.20　74LS85 的符号图

表 3.3.7 4 位数字比较器 74LS85 逻辑功能表

比 较 输 入				级 联 输 入			输 出		
$A_3 B_3$	$A_2 B_2$	$A_1 B_1$	$A_0 B_0$	$I_{A>B}$	$I_{A<B}$	$I_{A=B}$	$Y_{A>B}$	$Y_{A<B}$	$Y_{A=B}$
$A_3 > B_3$	×	×	×	×	×	×	1	0	0
$A_3 < B_3$	×	×	×	×	×	×	0	1	0
$A_3 = B_3$	$A_2 > B_2$	×	×	×	×	×	1	0	0
$A_3 = B_3$	$A_2 < B_2$	×	×	×	×	×	0	1	0
$A_3 = B_3$	$A_2 = B_2$	$A_1 > B_1$	×	×	×	×	1	0	0
$A_3 = B_3$	$A_2 = B_2$	$A_1 < B_1$	×	×	×	×	0	1	0
$A_3 = B_3$	$A_2 = B_2$	$A_1 = B_1$	$A_0 > B_0$	×	×	×	1	0	0
$A_3 = B_3$	$A_2 = B_2$	$A_1 = B_1$	$A_0 < B_0$	×	×	×	0	1	0
$A_3 = B_3$	$A_2 = B_2$	$A_1 = B_1$	$A_0 = B_0$	1	0	0	1	0	0
$A_3 = B_3$	$A_2 = B_2$	$A_1 = B_1$	$A_0 = B_0$	0	1	0	0	1	0
$A_3 = B_3$	$A_2 = B_2$	$A_1 = B_1$	$A_0 = B_0$	0	0	1	0	0	1

3.3.5 基于 MSI 组合逻辑电路的分析

1. 分析步骤

图 3.3.21 为基于 MSI 组合逻辑电路的分析步骤。

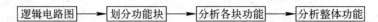

图 3.3.21 功能块组合逻辑电路分析流程图

（1）划分功能块。首先根据电路的复杂程度和器件类型，视情形将电路划分为一个或多个逻辑功能块。功能块内部，可以是单片或多片 MSI 芯片构成的组合电路。分成几个功能块和怎样划分功能块，这取决于对常用功能电路的熟悉程度和经验。

（2）分析功能块的逻辑功能。

（3）分析整体逻辑电路的功能。在对各功能块电路分析的基础上，最后对整个电路进行整体功能的分析。

2. 分析举例

【例 3.3.6】 如图 3.3.22 所示是由双 4 选 1 MUX 74LS153 与若干门组成的电路，试分析输出 Z 与输入 X_3、X_2、X_1 和 X_0 之间的逻辑关系。

【解】 本题的逻辑电路比较简单，只包含一个 MSI 器件，直接分析电路的功能。

当 $X_3 = 0$ 时，2MUX 被使能，1MUX 被禁止，$Z = \overline{1Y + 2Y} = 1$；当 $X_3 = 1$ 时，2MUX 被

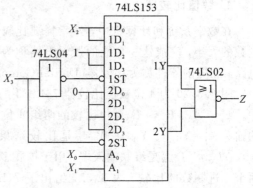

图 3.3.22 例 3.3.6 电路图

禁止，1MUX 被使能，由 1MUX 的 4 个数据端输入情况，电路功能如表 3.3.8 所示。

表 3.3.8　例 3.3.6 功能表

X_3	X_2	X_1	X_0	Z
0	×	×	×	1
1	0	0	0	1
1	0	0	1	1
1	0	1	0	0
1	0	1	1	0
1	1	0	0	0
1	1	0	1	0
1	1	1	0	0
1	1	1	1	0

分析该表，当 X_3、X_2、X_1 和 X_0 为 8421BCD 码时，输出为 1，否则，输出为 0。可见，本电路实现了检测 8421BCD 码的逻辑功能。

【例 3.3.7】　图 3.3.23 电路由一片 4 位二进制超前进位全加器 74LS283、比较器 CC14585 与七段显示译码电路 74LS47 及显示块 LED 组成的电路，试分析该电路的逻辑功能。

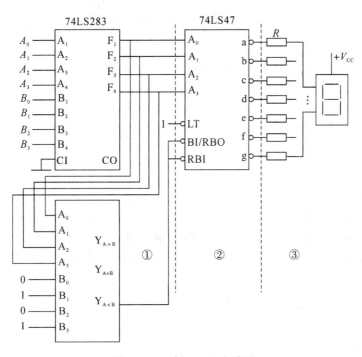

图 3.3.23　例 3.3.7 电路图

【解】　（1）划分功能块。

将电路分为以下三个功能块：

① 加法运算电路及比较器；

② 译码电路；

③ 显示电路。

（2）分析各功能块的逻辑功能。

① 由前可知，74LS283 是 4 位二进制加法器，输出 $S_3 \sim S_0$ 是 $A_3 \sim A_0$ 与 $B_3 \sim B_0$ 的和；当 $S_3 S_2 S_1 S_0 < 1010$ 时，比较电路输出 $Y_{A<B}=1$。

② 74LS47 是 BCD－七段译码器，输出低电平有效，直接驱动七段共阳极数码管。

③ LED 七段共阳极数码管，可显示十进制数 $0 \sim 9$。

（3）分析整个电路的逻辑功能。

由上述分析可知，该电路实现 1 位十进制加法器，数码管可以显示相加结果。当相加结果 $S_3 S_2 S_1 S_0 > 1001$ 时（十进制 9），数码管不显示。

【例 3.3.8】 图 3.3.24 是由 3－8 线译码器 74LS538 和 74LS151 器件组成的电路。74LS538 的"POL"端接地表示输出为高有效，接高电平则输出与 74LS138 一样为低有效。当使能端无效时输出为高阻状态。试分析整个电路的功能。

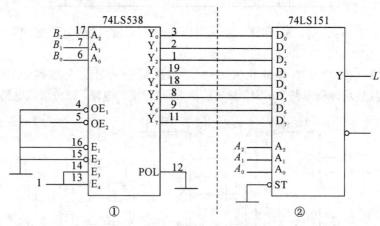

图 3.3.24 例 3.3.8 电路图

【解】 （1）将电路划分为两个功能块。

① 为由译码器 74LS538 构成的部分；

② 为 MUX 74LS151 部分。

（2）分析功能块功能。

① 由 3－8 线译码器功能和 74LS538 的介绍可知，当二进制数 $B_2 B_1 B_0 = i$ 时，对应的输出端 $Y_i = 1$，其余输出端 $Y_j = 0$（$j \neq i$）。

② 由 74LS151 功能表 3.3.9 可知，当使能端有效，$A_2 A_1 A_0 = i$ 时，输出为 $L = D_i$。

（3）整个电路的功能关系。

由图 3.3.24 电路的连接可知，74LS538 的 Y_i 与 74LS151 的 D_i 连接。只有当 $B_2 B_1 B_0 = A_2 A_1 A_0 = i$ 时，$L = D_i = Y_i = 1$。若 $A_2 A_1 A_0 = j$ 不等于 $B_2 B_1 B_0$，则 $L = D_j = Y_j = 0$。

表 3.3.9　74LS151 功能表

$\overline{EN}$	A_2	A_1	A_0	Y
1	×	×	×	0
0	0	0	0	D_0
0	0	0	1	D_1
0	0	1	0	D_2
0	0	1	1	D_3
0	1	0	0	D_4
0	1	0	1	D_5
0	1	1	0	D_6
0	1	1	1	D_7

此电路完成两个 3 位二进制数的同比较功能，即若 $B_2B_1B_0 = A_2A_1A_0$，输出 $L = 1$，否则 $L = 0$。

3.3.6　基于 MSI 组合逻辑电路的设计

1. 设计步骤

图 3.3.25 为组合电路设计流程图。

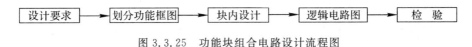

图 3.3.25　功能块组合电路设计流程图

（1）划分功能框图。首先根据逻辑问题确定输入输出逻辑变量并赋予逻辑值，然后视设计要求将总体逻辑设计分为若干子功能，每一子功能由一个功能块电路来实现。

（2）设计功能块电路。选择常用的中小规模集成芯片，设计各功能块内部的逻辑电路。

（3）画出整个逻辑电路图。

（4）验证逻辑设计。

2. 设计举例

【例 3.3.9】　试设计一个检测 8421BCD 码并将其进行四舍五入的电路。

【解】　（1）划分功能框图。

根据题目要求，将逻辑问题划分为两个功能块电路，一块的功能是检测 8421BCD 码，输出是 L_1；另一块的功能是进行四舍五入，输出是 L_2。功能框图如图 3.3.26 所示。将 4 位 8421BCD 码 $A_3A_2A_1A_0$ 作为输入，当 $A_3A_2A_1A_0 \leqslant 1001$ 时，8421BCD 码检测输出 $L_1 = 0$；当 $A_3A_2A_1A_0 > 1001$ 时，$L_1 = 1$。又当 $A_3A_2A_1A_0 \leqslant 0100$ 时，四舍五入输出 $L_2 = 0$；当 $A_3A_2A_1A_0 > 0100$ 时，$L_2 = 1$。

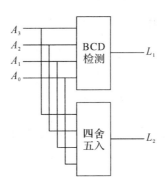

图 3.3.26　例 3.3.9 的功能块框图

（2）设计功能块内部电路。

分析设计要求可知，本题目两个功能块电路都是要比较两个 4 位二进制数码的大小，故可以选用中规模 4 位数值比较器 MC14585B。将 $A_3A_2A_1A_0$ 接入两片 MC14585B 的输入端 $A_3A_2A_1A_0$。另一组输入端 $B_3B_2B_1B_0$ 分别接 1001 和 0100；将比较器 I 的输出端 $Y_{A>B}$ 作为 8421BCD 码检测输出端 L_1；比较器 II 的输出端 $Y_{A>B}$ 作为四舍五入输出端 L_2。即可实现设计要求。

（3）画出逻辑电路图如图 3.3.27 所示。

（4）对图 3.3.27 再进行分析，显然可以满足命题要求。

本例也可用中规模加法器实现，加法器用做比较功能的电路如图 3.3.28 所示。

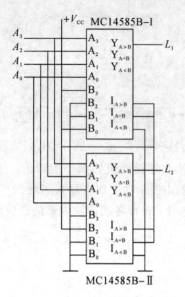

图 3.3.27　例 3.3.9 的电路逻辑图

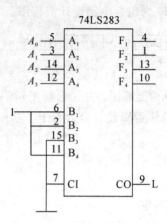

图 3.3.28　用加法器实现四舍五入的电路图

3.4　时序逻辑电路

⏵ **教学目标**

（1）理解常用的 MSI 时序逻辑器件的功能；

（2）掌握基于触发器的时序逻辑电路的分析与设计方法；

（3）掌握基于 MSI 的时序逻辑电路的分析与设计方法。

⏵ **教学建议**

以讲授、自学、课堂讨论等多种方法组织教学。

3.4.1　基于触发器时序电路的分析

时序逻辑电路中的基本单元是触发器。基于触发器时序逻辑电路的分析是时序逻辑电路分析的基础。

1. 分析方法

根据给定的逻辑电路图，在输入及时钟作用下，找出电路的状态及输出的变化规律，从而了解其逻辑功能。图 3.4.1 是分析基于触发器电路的流程图。

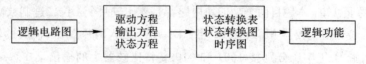

图 3.4.1　时序电路分析流程图

分析的一般步骤为：

1）写出三个向量方程

（1）写出驱动方程及时钟方程。

根据逻辑电路图，先写出各触发器的驱动方程。触发器的驱动方程是触发器输入端的逻辑函数，例如 JK 触发器的 J 和 K，D 触发器的 D 等。由于异步时序电路的存储电路结构与同步时序电路不同，异步时序电路需要另外写时钟方程，分析方法稍微复杂一些。

（2）求输出方程。输出方程表达了电路的外部输出与触发器现态及外部输入之间的逻辑关系。

（3）求状态方程。将（1）中得到的驱动方程代入触发器的特性方程中，得出每个触发器的状态方程。

2）列出状态转换表，画出状态转换图

（1）状态转换表。首先应根据状态方程和输出方程画出各触发器的次态卡诺图及输出 Z 的卡诺图。由次态卡诺图可以很方便地列出状态转换表。

（2）画出状态转换图。由状态转换真值表可以画出状态转换图。在状态转换图中以小圆圈表示电路的各个状态，以箭头表示状态转移的方向。

（3）时序图。由状态转换真值表或状态转换图可以画出时序图，即工作波形图。

3）说明逻辑功能

根据状态转换真值表或状态转换图，通过分析，即可获得电路的逻辑功能。

2. 同步时序电路的分析

【**例 3.4.1**】　分析如图 3.4.2 所示时序电路的逻辑功能。

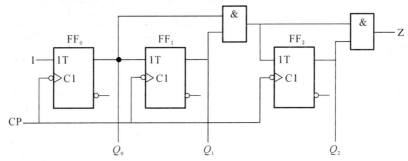

图 3.4.2　例 3.4.1 逻辑电路图

【**解**】　这个电路的组合电路部分是两个与门。存储电路部分是三个 T 触发器，Z 为外部输出，三个触发器由同一时钟 CP 控制，显然是同步时序电路。分析步骤如下：

（1）写三个向量方程。

① 驱动方程为

$$T_0 = 1, \quad T_1 = Q_0, \quad T_2 = Q_1 Q_0$$

② 输出方程为

$$Z = Q_2^n Q_1^n Q_0^n$$

③ 求状态方程。

将驱动方程带入 T 触发器的特性方程

$$Q^{n+1} = T \oplus Q^n$$

可得状态方程为

$$Q_0^{n+1} = T_0 \oplus Q_0^n = \overline{Q_0^n}$$

$$Q_1^{n+1} = T_1 \oplus Q_1^n = Q_0^n \oplus Q_1^n = Q_1^n \overline{Q_0^n} + \overline{Q_1^n} Q_0^n$$

$$Q_2^{n+1} = T_2 \oplus Q_2^n = (Q_0^n Q_1^n) \oplus Q_2^n = \overline{Q_2^n} Q_1^n Q_0^n + Q_2^n \overline{Q_0^n} + Q_2^n \overline{Q_1^n}$$

（2）列出状态转换表、画出状态转换图。

① 状态转换表。在本例的状态转换表中，输入变量为 $Q_2^n Q_1^n Q_0^n$，输出变量为 $Q_2^{n+1} Q_1^{n+1} Q_0^{n+1} Z$。次态卡诺图见图 3.4.3(a)。完整的状态转换真值表见表 3.4.1。

② 状态转换图。由状态转换真值表可以画出状态转换图见图 3.4.3(b)。

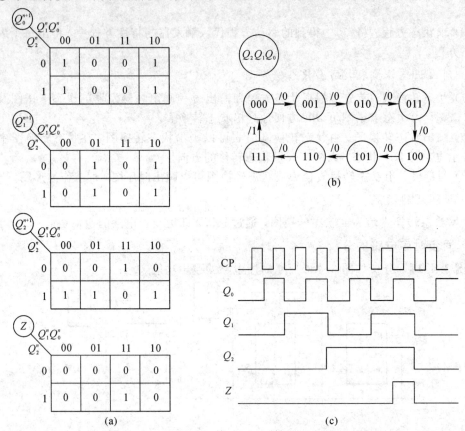

图 3.4.3　例 3.4.1 Q_0^{n+1}，Q_1^{n+1}，Q_2^{n+1} 的次态、状态转换、波形图

(a) 次态图；(b) 状态转换图；(c) 波形图

表 3.4.1　例 3.4.1 的状态转换表

Q_2^n	Q_1^n	Q_0^n	Q_2^{n+1}	Q_1^{n+1}	Q_0^{n+1}	Z
0	0	0	0	0	1	0
0	0	1	0	1	0	0
0	1	0	0	1	1	0
0	1	1	1	0	0	0
1	0	0	1	0	1	0
1	0	1	1	1	0	0
1	1	0	1	1	1	0
1	1	1	0	0	0	1

③ 时序图。画出时序图见图3.4.3(c)。

（3）说明电路的逻辑功能。

随着时钟信号的作用，状态转换的次序为二进制数递增规律，当输入八个时钟脉冲时，恢复到初态000，循环周期为8。该电路为同步八进制加法计数器。Z 可以作为进位信号。

通过分析表3.4.1可知，最低位触发器是来一个时钟脉冲，翻转一次；除最低位外，其余触发器只有在其所有低位触发器都为1时，才能接收计数脉冲而动作。本例中 $T_0=1$，$T_1=Q_0$，$T_2=Q_0Q_1$，依次类推，若由 n 个 T 触发器组成这样的计数器，第 i 位 T 触发器的控制端 T_i 的驱动方程为

$$T_i=Q_0Q_1Q_2\cdots Q_{i-1}$$

所构成的计数器为 2^n 进制计数器。

为了简单表示时序电路的状态转换规律，有时采用列态序表代替状态转换表。在态序表中，以时钟脉冲作为状态转换顺序。首先根据某一初态 S_0 得到相应的次态 S_1，再以 S_1 为现态得到新的次态 S_2。依次排列下去，直至进入到循环状态。表3.4.2中列出本例的态序表，电路的初态设为000。

表3.4.2 例3.4.1的态序表

态序	触发器状态		
CP	Q_2	Q_1	Q_0
0	0	0	0
1	0	0	1
2	0	1	0
3	0	1	1
4	1	0	0
5	1	0	1
6	1	1	0
7	1	1	1

3. 异步时序电路的分析

异步时序电路的分析方法与同步时序电路分析方法基本相同。不过，需要特别注意的是，在异步时序电路中，每个触发器的时钟并不是一定接同一信号，而触发器翻转的必要条件是时钟端加合适的 CP 信号。所以状态方程所表示触发器的逻辑功能不是在每一个 CP 到来时都成立，而只是在触发器各自的时钟信号到来时，状态方程才能成立。为此，异步时序电路的状态方程中要将时钟信号也作为一个逻辑条件，写在状态方程末尾，用 (CP_i) 来表示。CP_i 用括号括起来表示在 CP_i 适当边沿状态方程成立。

【例3.4.2】 图3.4.4为一异步时序电路逻辑图，试分析该电路的逻辑功能。

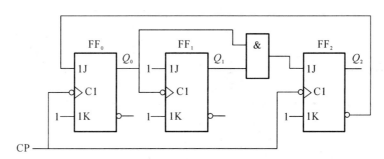

图3.4.4 例3.4.2逻辑电路图

【解】 （1）写方程式。

① 写出触发器驱动方程和时钟方程，如下：

$$J_0=\overline{Q_2},\quad K_0=1,\quad CP_0=CP$$

$$J_1 = K_1 = 1, \qquad CP_1 = Q_0$$
$$J_1 = Q_1 Q_0, \quad K_2 = 1, \quad CP_2 = CP$$

② 将驱动方程代入 JK 触发器的特性方程 $Q^{n+1} = J\overline{Q}^n + \overline{K}Q^n$ 得状态方程为

$$Q_D^{n+1} = J_0 \overline{Q}_0^n + \overline{K}_0 Q_0^n = \overline{Q}_2^n \overline{Q}_0^n \qquad (CP_0)$$

同理，

$$Q_1^{n+1} = \overline{Q}_1^n \qquad (CP_1)$$
$$Q_2^{n+1} = \overline{Q}_2^n Q_1^n Q_0^n \qquad (CP_2)$$

（2）根据状态方程列出状态转换真值表。

因为 $CP_0 = CP$，所以 $Q_0^{n+1} = \overline{Q}_2^n \overline{Q}_0^n$ 在每一个 CP 脉冲下降沿（用↓表示）时均成立。由此可得到表 3.4.3 Q_0^{n+1} 中的一列。同理 $CP_2 = CP$，$Q_2^{n+1} = \overline{Q}_2^n Q_1^n Q_0^n$ 亦在每一个 CP ↓时均成立。由于 $CP_1 = Q_0$，只有在 Q_0 由 1 变 0 时，即表 3.4.3 中的第 2，4，6，8 行，$Q_1^{n+1} = \overline{Q}_1^n$ 才成立。在第 1、3、5 和 7 行，Q_1 的状态保持不变，因而可得到表 3.4.3 中 Q_1^{n+1} 的一列。

表 3.4.3　例 3.4.2 的全状态转换表

Q_2^n	Q_1^n	Q_0^n	Q_2^{n+1}	Q_1^{n+1}	Q_0^{n+1}	CP_2	CP_1	CP_0
0	0	0	0	0	1	↓		↓
0	0	1	0	1	0	↓	↓	↓
0	1	0	0	1	1	↓		↓
0	1	1	1	0	0	↓	↓	↓
1	0	0	0	0	0	↓		↓
1	0	1	0	1	0	↓	↓	↓
1	1	0	0	1	0	↓		↓
1	1	1	0	0	0	↓	↓	↓

（3）画出状态转换图以及波形图如图 3.4.5 所示。从状态转换图可知，该电路是一个异步五进制加法计数器。

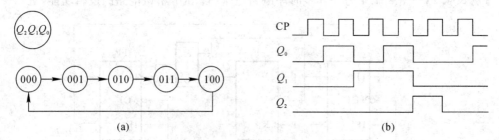

图 3.4.5　例 3.4.2 图
（a）状态转换图；（b）工作波形图

3.4.2　基于触发器时序电路的设计

1. 设计步骤

时序电路的设计是分析的逆过程。要根据给出的具体逻辑问题，求出完成这一功能的逻辑电路。图 3.4.6 是基于触发器时序电路设计的流程图。

图 3.4.6   时序电路设计流程图

1）画状态转换图

在把文字描述的设计要求变成状态转换图时，必须搞清要设计的电路有几个输入变量，几个输出变量，有多少信息需要存储。对每个需要记忆的信息用一个状态来表示，从而确定电路需要多少个状态。目前还没有可遵循的固定程式来画状态图，对于较复杂的逻辑问题，一般需要经过逻辑抽象，先画出原始状态转换图。再分析该转换图有无多余的状态，是否可以进行状态化简，力争获得最简状态转换图。

2）选择触发器，并进行状态分配

（1）选触发器类型和数量。

每个触发器有两个状态 0 和 1，n 个触发器能表示 2^n 个状态。如果用 N 表示该时序电路的状态数，则有

$$2^{n-1} < N \leqslant 2^n$$

（2）状态分配。

所谓状态分配是指对状态表中的每个状态 S_0、S_1、$\cdots$、S_{2^n} 的编码方式。所选代码的位数与 n 相同。状态分配不同，所得到的电路也不同。例如可选择 $S_0 = 0000$，$S_1 = 0001$，$\cdots$，无须进行状态分配。若状态数 $N \leqslant 2^n$，多余状态可作为任意项处理。

（3）列状态转换表、画状态转换图。

3）写出三个向量方程

（1）求状态方程和输出方程。

由状态转换真值表，画出次态卡诺图，从次态卡诺图可求得状态方程。如设计要求的输出量不是触发器的输出 Q，还需写出输出 Z 与触发器的现态 Q^n 相关的输出方程。

（2）写出驱动方程和时钟方程。

将（1）中得到状态方程与触发器的特性方程相比较，可求得驱动方程。对于异步时序逻辑电路还需写出时钟方程。

4）画逻辑电路图

根据驱动方程和输出方程，可以画出基于触发器的逻辑电路图。

5）检查自启动

所谓电路的自启动能力，是指电路状态处在任意态时，能否经过若干个 CP 脉冲后返回到主循环状态中。判断一个电路是否能够自启动，实际上是在某些特定状态下，对电路进行分析的过程。

同步时序电路中，时钟脉冲同时加到各触发器的时钟端，只需求出各触发器控制输入端的驱动方程。而异步时序电路的设计，除了决定各触发器控制输入端的驱动方程外，还

需求出它们的时钟方程。

2. 同步时序电路的设计

【例 3.4.3】 试用下降沿触发的 JK 触发器设计一个同步 8421BCD 码十进制加法计数器。

【解】 （1）根据设计要求，作出状态转换图。

依题意，十进制计数器需要用十个状态来表示。十个状态循环后回到初始状态。设这十个状态为 S_0、S_1、S_2、$\cdots$、S_9。状态转换图见图 3.4.7。

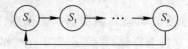

图 3.4.7　例 3.4.3 状态转换图

（2）选择所用触发器的类型、个数以及进行状态分配。

① 选择所用触发器的类型和个数。选择 JK 触发器。本例中，因为状态数 $N=10$，所以触发器个数 $n=4$。

② 状态分配采用 8421BCD 码。有 $S_0=0000$，$S_1=0001$，$\cdots$，$S_9=1001$。$1010\sim1111$ 六个状态可作为任意项处理。

③ 根据状态分配的结果可以列出状态转换真值表如表 3.4.4 所示。

表 3.4.4　例 3.4.3 的状态转换表

CP	Q_3^n	Q_2^n	Q_1^n	Q_0^n	Q_3^{n+1}	Q_2^{n+1}	Q_1^{n+1}	Q_0^{n+1}
1	0	0	0	0	0	0	0	1
2	0	0	0	1	0	0	1	0
3	0	0	1	0	0	0	1	1
4	0	0	1	1	0	1	0	0
5	0	1	0	0	0	1	0	1
6	0	1	0	1	0	1	1	0
7	0	1	1	0	0	1	1	1
8	0	1	1	1	1	0	0	0
9	1	0	0	0	1	0	0	1
10	1	0	0	1	0	0	0	0

（3）求出三个向量方程。

① 画次态卡诺图如图 3.4.8 所示。从图可得状态方程，如 FF_2 的状态方程为

$$Q_2^{n+1} = Q_2^n\,\overline{Q_0^n} + Q_2^n\,\overline{Q_1^n} + \overline{Q_2^n}\,Q_1^n\,Q_0^n = Q_2^n(\overline{Q_1^n} + \overline{Q_0^n}) + \overline{Q_2^n}\,Q_1^n\,Q_0^n$$

② 与 JK 触发器特性方程比较可得 FF_2 的驱动方程

$$J_2 = Q_1 Q_0$$

$$K_2 = \overline{\overline{Q_0^n} + \overline{Q_1^n}} = Q_1 Q_0$$

同理可得其他驱动方程

$$J_3 = Q_2 Q_1 Q_0, \qquad K_3 = Q_0$$

$$J_1 = \overline{Q_3} Q_0, \qquad K_1 = Q_0$$

$$J_0 = 1, \qquad K_0 = 1$$

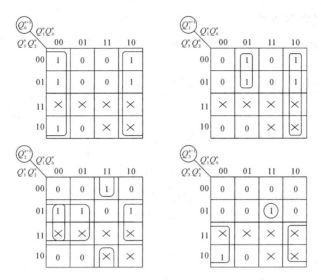

图 3.4.8　例 3.4.3 次态卡诺图

（4）由驱动方程画出逻辑电路图，见图 3.4.9。

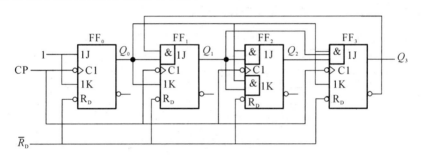

图 3.4.9　例 3.4.3 逻辑逻辑电路图

（5）检查电路的自启动能力。

由次态卡诺图可以得到电路状态为 1010～1111 时的次情况。例如初态为 1010 时，分别从 Q_0^{n+1}、Q_1^{n+1}、Q_2^{n+1} 和 Q_3^{n+1} 卡诺图上的相应方格得次态为 1011，1011 的次态又为 0100。同理 1100 $\rightarrow$ 1101 $\rightarrow$ 0100，1110 $\rightarrow$ 1111 $\rightarrow$ 0000。因此，可知该电路能够自启动。完整的状态转换图见图 3.4.10。

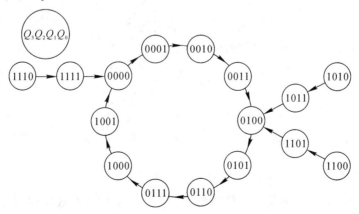

图 3.4.10　例 3.4.3 完整的状态转换图

3. 异步时序电路的设计

异步时序电路的设计方法及步骤与同步时序电路类似，从状态转换图出发，确定驱动方程，画出逻辑图。

【例 3.4.4】 试设计异步 3 位二进制（八进制）加法计数器。

【解】 根据设计要求，可列出态序表如表 3.4.5 所示。

分析态序表中各触发器状态转换的规律，以选择触发器的时钟信号。本题中 CP 为下跳沿到达时翻转。因此根据 FF_0、FF_1、FF_2 状态变化情况，可以选择 $CP_0 = CP$，$CP_1 = Q_0$，$CP_2 = Q_1$。

在选定时钟信号作用下，FF_0 FF_1 FF_2 均在各自的时钟信号下跳变时状态翻转，所以用下降沿触发的 T 触发器组成 3 位二进制异步加法计数器电路最为简单，如图 3.4.11(a) 所示。图 3.4.11(b) 是其工作波形图。

表 3.4.5　例 3.4.4 的态序表

CP	Q_2	Q_1	Q_0
0	0	0	0
1	0	0	1
2	0	1	0
3	0	1	1
4	1	0	0
5	1	0	1
6	1	1	0
7	1	1	1

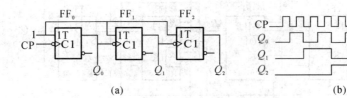

(a)　　　　　　　　　　　(b)

图 3.4.11　逻辑电路图
(a) 逻辑图；(b) 波形图

对这个电路有两点补充说明。

首先，在选择各触发器时钟信号时，能否作出其他选择，如 $CP_2 = Q_0$ 呢？若作出这样的选择，也能向 FF_2 提供合适的时钟边沿。不过送至 FF_2 时钟信号的下降沿增加了一倍，在第 2 和第 6 个 CP 脉冲到来后，Q_0 均提供下降沿，此时为了使 $Q_2^{n+1} = Q_2^n$，不能再用 T 触发器，需要用其他类型的触发器，驱动方程会复杂一些。总之，选择触发器的时钟信号的标准是：需要触发器翻转时，必须有合适的边沿；触发器不能翻转时，时钟信号的变化尽可能少。

其次，我们总结一下这类计数器的构成规律。3 位二进制加法计数器的 $CP_0 = CP$，$CP_1 = Q_0$，$CP_2 = Q_1$，若是 n 位计数器，除了最低位的 CP 端应接计数脉冲 CP 外，高一位的 CP 应接在相邻低位的 Q 端。即

$$CP_0 = CP, \quad CP_i = Q_{i-1} \quad\quad (0 < i \leqslant n)$$

各触发器之间前浪推后浪的逐位翻转，因此，这类计数器常称为行波计数器。

3.4.3　集成计数器

计数器（Counter）的功能是累计输入脉冲个数，它是数字系统中使用最广泛的时序部件。几乎不存在没有计数器的系统。计数器除了计数之外，还可以用作分频、定时等。

计数器的种类非常繁多。如果按计数器时钟脉冲输入方式来分，可以分为同步计数器和异步计数器。

如果按计数过程中计数器输出数码规律分，可以分为加法计数器(递增计数)、减法计数器(递减计数)和可逆计数器(可加可减计数)。

如果按计数容量 M(计数状态的个数)来分，可以分为模 2^n 计数器($M = 2^n$)和非模 2^n 计数器($M \neq 2^n$)。

中规模集成计数器品种较多，主要分为同步计数器和异步计数器两大类，每一类中又分为二进制计数器及十进制计数器两类。

1. 异步集成计数器

1) 异步二进制计数器 74LS293

74LS293 是二-八-十六进制异步二进制加法计数器，它由四个 T 触发器串联而成，内部逻辑电路如图 3.4.12(a)所示。FF_0 为 1 位二进制计数器，FF_1、FF_2 和 FF_3 组成 3 位行波计数器，它们分别以 CP_0 和 CP_1 作为计数脉冲的输入，Q_0 和 $Q_1 Q_2 Q_3$ 分别为其输出。既可以将 FF_0 与 FF_1、FF_2、FF_3 级联起来使用，组成十六进制计数器；也可单独使用，组成二进制和八进制计数器。74LS293 的逻辑符号如图 3.4.12(b)所示，功能表见表 3.4.6。

表 3.4.6　74LS293 的功能表

CP_0	CP_1	R_{01}	R_{02}	工作状态
×	×	1	1	清　零
↓	0	×	0	FF_0 计数
↓	0	0	×	FF_0 计数
0	↓	×	0	$FF_1 \sim FF_3$ 计数
0	↓	0	×	$FF_1 \sim FF_3$ 计数

由表可见：

(1) 当外 CP 仅送入 CP_0 时，而由 Q_0 输出，电路为二进制计数器。

(2) 当外 CP 仅送入 CP_1 时，而由 $Q_3 Q_2 Q_1$ 输出，电路为八进制计数器。

(3) 当外 CP 仅送入 CP_0，而 CP_1 与 Q_0 相连时，由 $Q_3 Q_2 Q_1 Q_0$ 输出，电路为十六进制计数器。

(4) 计数器设有两个复位端 R_{01} 和 R_{02}，当它们全为 1 时，计数器异步清零。

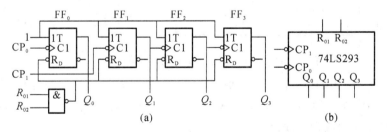

图 3.4.12　异步二进制计数器 74LS293

(a) 逻辑电路；(b) 符号图

2) 异步二进制计数器 74LS290

74LS290 是二-五-十进制异步加法计数器。

(1) 当外 CP 仅送入 CP_0 时，由 Q_0 输出，电路为二进制计数器。

(2) 当外 CP 仅送入 CP_1 时，由 $Q_3Q_2Q_1$ 输出，电路为五进制计数器。

(3) 当外 CP 送入 CP_0 时，Q_0 接至 CP_1 时，$Q_3Q_2Q_1Q_0$ 输出 8421BCD 码。

(4) 当外 CP 仅送入 CP_1 时，CP_0 接至 Q_3 时，$Q_0Q_3Q_2Q_1$ 输出是 5421BCD 码。

74LS290 的逻辑符号如图 3.4.13 所示，功能表见表 3.4.7。

表 3.4.7　74LS290 的功能表

输　入						输　出			
$R_{0(1)}$	$R_{0(2)}$	$S_{9(1)}$	$S_{9(2)}$	CP_0	CP_1	Q_3	Q_2	Q_1	Q_0
1	1	0	×	×	×	0	0	0	0
1	1	×	0	×	×	0	0	0	0
0	×	1	1	×	×	1	0	0	1
×	0	1	1	×	×	1	0	0	1
$\overline{R_{0(1)}R_{0(2)}}=1$		$\overline{S_{9(1)}S_{9(2)}}=1$		CP	0	二进制计数			
				0	CP	五进制计数			
				CP	Q_0	8421BCD 码十进制计数			
				Q_3	CP	5421BCD 码十进制计数			

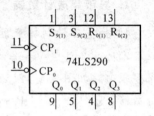

图 3.4.13　74LS290 的符号图

2. 同步集成计数器

1）同步二进制计数器 74LS161

74LS161 是同步二进制可预置加法集成计数器，它的功能表如表 3.4.8 所示，符号图如图 3.4.14 所示。74LS161 计数翻转是在时钟信号的上升沿完成的，CR 是异步清零端，CT_P、CT_T 是使能控制端，LD 置数端，$D_0D_1D_2D_3$ 是四个数据输入端，CO 是进位输出端。74LS161 有清除、送数、保持及计数功能。

表 3.4.8　74LS161 的功能表

CP	$\overline{CR}$	$\overline{LD}$	CT_P	CT_T	工作状态
×	0	×	×	×	清零
↑	1	0	×	×	预置数
×	1	1	0	×	保持
×	1	1	×	0	保持
↑	1	1	1	1	计数

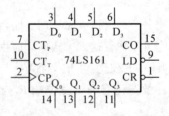

图 3.4.14　74LS161 的符号图

(1) 异步清零：当 $\overline{CR}=0$ 时，其他输入任意，可以使计数器立即清零。

(2) 同步预置：当 $\overline{CR}=1$，且数据输入 $D_3D_2D_1D_0=DCBA$ 时，若置数控制信号 $\overline{LD}=0$，在时钟信号 CP 的上升沿到来时，完成置数操作，使 $Q_3Q_2Q_1Q_0=DCBA$。使能控制信号 CT_P、CT_T 的状态不影响置数操作。

(3) 保持：当 $\overline{CR}=\overline{LD}=1$，即既不清零也不预置时，若使能控制信号 CT_P（或者 CT_T）为 0，都能使计数器各 Q 端的状态保持不变。

(4) 计数：当 $\overline{CR}=\overline{LD}=1$，$CT_P=CT_T=1$ 时，在时钟脉冲 CP 的上升沿到来时，计数器进行计数。Q 端的状态按自然态序变化。

CO 是进位输出信号，CO$=Q_3 Q_2 Q_1 Q_0$CT$_T$，当 $Q_3 \sim Q_0$ 及 CT$_T$ 均为 1 时，CO$=1$，产生正进位脉冲。

与 74LS161 相似的还有同步十进制可预置加法计数器 74LS160，各输入、输出端子功能与 74LS161 相同，其功能表及符号图也与 74LS161 的一致，这里不再列出。与 74LS161 不同的是 74LS160 为十进制计数器，故它的进位输出方程为 CO$=Q_3 Q_0$CT$_T$。

2）同步二进制计数器 74LS163

74LS163 为 4 位二进制加法计数器，其功能表和符号图如表 3.4.9 和图 3.4.15 所示。74LS163 是全同步式集成计数器。除 $\overline{\text{CR}}$ 为同步清零外，其余功能与 74LS161 完全相同，这里不再赘述。

表 3.4.9　74LS163 的功能表

CP	$\overline{\text{CR}}$	$\overline{\text{LD}}$	CT$_P$	CT$_T$	工作状态
↑	0	×	×	×	清零
↑	1	0	×	×	预置数
×	1	1	0	×	保持
×	1	1	×	0	保持

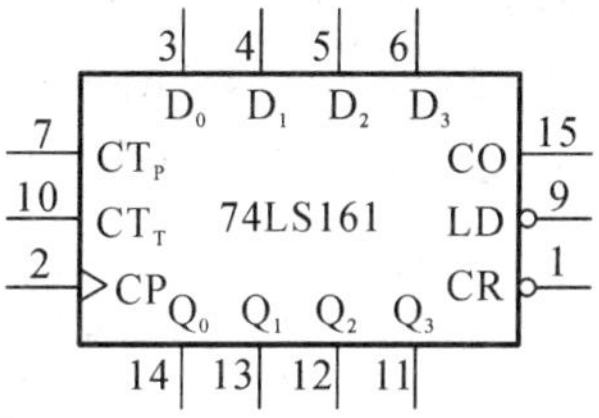

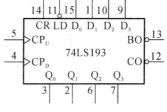

图 3.4.15　74LS163 的符号图

74LS162 也为全同步式集成计数器。与 74LS163 唯一不同之处是 74LS162 为十进制加法计数器，其功能表、符号图与 74LS163 完全相同。

3）同步可逆集成计数器 74LS193

74LS193 是双时钟输入 4 位二进制同步可逆计数器，其逻辑符号见图 3.4.16，功能见表 3.4.10。CP$_U$ 是加法计数时钟信号，CP$_D$ 是减法计数时钟信号，$\overline{\text{CR}}$ 是清零信号，$\overline{\text{LD}}$ 是送数控制信号，$\overline{\text{CO}}$ 是加法进位信号，$\overline{\text{BO}}$ 为减法借位信号。

表 3.4.10　74LS193 的功能表

CP$_U$	CP$_D$	CR	$\overline{\text{LD}}$	工作状态
×	×	1	×	清零
×	×	0	0	预置数
↑	1	0	1	加法计数
1	↑	0	1	减法计数

图 3.4.16　74LS193 的符号图

74LS193 的主要功能是能作可逆计数，它的各项功能作说明如下：

(1) 当 CR$=0$，CP$_D$$=1$ 时，时钟信号应引入 CP$_U$，74LS193 作加法计数。加法计数进位输出 $\overline{\text{CO}}=\overline{Q_3 Q_2 Q_1 Q_0 \overline{\text{CP}}_U}$，计数器输出 1111 状态，且当 CP$_U$ 为低电平时，$\overline{\text{CO}}$ 输出一个负脉冲。

(2) 当 CR$=0$，CP$_U$$=1$ 时，时钟信号应引入 CP$_D$，74LS193 作减法计数。减法计数借位，输出 $\overline{\text{BO}}=\overline{\overline{Q_3} \overline{Q_2} \overline{Q_1} \overline{Q_0} \overline{\text{CP}}_D}$，当计数器输出 0000 状态，且当 CP$_D$ 为低电平时，$\overline{\text{BO}}$ 输出一个负脉冲信号。

(3) 74LS193 的预置数是利用片内每个触发器的直接清零信号 CR 和直接置位信号 $\overline{\text{LD}}$ 来实现，当 $\overline{\text{LD}}=0$ 时，将 $D_3 D_2 D_1 D_0$ 立即置入计数器中，使 $Q_3 Q_2 Q_1 Q_0 =D_3 D_2 D_1 D_0$，是异步送数，与 CP 无关。

（4）当 CR＝1 时，74LS193 立即异步清零，与其他输入端的状态无关。

4）多片集成计数器的级联方法

计数器的级联方式有同步级联和异步级联两种。

在图 3.4.17(a)中，将两片 74LS161 的 CP 相连，并将低位片的 CO 与高位片的 CT_T 和 CT_P 端相连。低位片在 CP 作用下进行正常计数，当 $Q_3Q_2Q_1Q_0$ 计到 1111 时，低位片的 CO 变到 1，使高位片的 CT_T 和 CT_P 信号为 1，这样高位片在下一个 CP 到来时才能进行"加 1"计数。显然，它们是同步级联的 256 进制计数器。

图 3.4.17(b)是以异步级联方式连接的 256 进制同步计数器。其中低位片的进位输出信号 CO(或 Q_3)经非门反相后作为高位片的 CP 计数脉冲，当低位片 $Q_3Q_2Q_1Q_0$ 由 1111 变成 0000 时，其 CO(或 Q_3)由 1 变为 0，高位片的 CP 由 0 变为 1，高位片才能进行"加 1"计数。其他情况下，片Ⅱ都将保持原有状态不变。

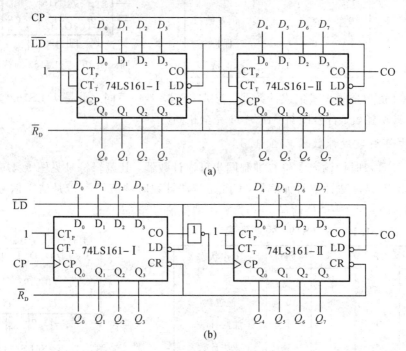

图 3.4.17　两片 74LS161 的级联方法

（a）同步级联方式；（b）异步级联方式

3. 任意进制计数器的构成

中规模集成计数器由于其体积小、功耗低、可靠性高等优点，而获得了广泛的应用。但出于成本方面的考虑，集成计数器的定型产品追求大的批量。因而，目前市售集成计数器产品，在计数体制方面，只做成应用较广的十进制、十六进制、7 位二进制、12 位二进制、14 位二进制等几种产品。在需要其他任意进制计数器时，只能在现有的中规模集成计数器的基础上，经过外电路的不同连接来实现。

为了不与计数器的同步、异步混淆，把控制端异步作用（如异步清零、异步置数——立即作用，与 CP 无关）改称为异步操作，把控制端同步作用（如同步清零、同步置数——CP 有效时才起作用）改称为同步操作。

现以 M 表示已有中规模集成计数器的进制(或模值)，以 N 表示待实现计数器的进制，介绍实现 N 进制计数器的方法。若 $M>N$，只需一片集成计数器；如果 $M<N$，则需多片集成计数器实现。

1) 控制端异步操作

(1) 反馈清零法。

对于具有异步清零输入的计数器而言，在计数过程中，不管计数器处于何种状态，只要在清零输入端加入清零信号，计数器的输出立即变为 0 态，清零信号一般由计数器输出 $Q_3Q_2Q_1Q_0$ 译码得到。用反馈清零法设计 N 进制的具体步骤如下：

① 写出 N 进制计数器 S_n 状态的编码。对满足 2^i 进制的集成计数器，S_n 状态应取二进制编码，对十进制集成计数器，S_n 状态应取 8421BCD 码。

② 求反馈逻辑。

$$F = \begin{cases} \Pi Q^1 & \text{控制端高有效} \\ \overline{\Pi Q^1} & \text{控制端低有效} \end{cases}$$

其中，ΠQ^1 是指 S_n 状态编码中值为 1 的各 Q 之"与"。

③ 画逻辑图。这里不仅要按反馈逻辑画出控制回路，还要将其他控制端按计数功能的要求接到规定电平。此外，还应考虑 CP 信号的连接，对于 $M<N$ 的情况还应考虑级间进位信号的连接。

【例 3.4.5】 用 74LS293 构成十进制计数器。

【解】 构成 $N=10$ 的计数器，按 74LS293 功能表，需令 $CP_0=CP$，$CP_1=Q_0$，把计数器接成 $M=16$。这属于 $M>N$ 的情况，用一片 74LS293，再加反馈逻辑即可构成。

① 写出 N 进制计数器 S_n 状态的二进制编码。

$N=10$,　　$S_n=1010$

② 求反馈逻辑。

$$F=R_{01}R_{02}=\Pi Q^1 =Q_3Q_1$$

③ 画逻辑图，如图 3.4.18(a)所示。

图 3.4.18(b)给出了 74LS293 构成十进制计数器的工作波形。由图可见，计数器的循环状态为 0000～1001，十种状态，每一种状态持续时间为一个 CP 周期。1010 是瞬态，其持续时间仅为一级与非门和一级触发器的延迟(几十纳秒)，非常短暂，故不将其作为计数循环的有效状态。列计数态序表，画状态图和工作波形图时，可不将其列入。

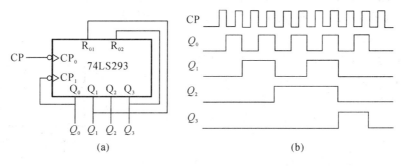

图 3.4.18　74LS293 构成十进制计数器
(a) 逻辑电路图；(b) 波形图

【例 3.4.6】 用 74LS290 构成 60 分频电路。

【解】 数字电路中，分频电路与计数电路的区别仅仅在于其输出形式不同，计数电路将所有 Q 状态作为一组代码输出，而分频电路一般仅有一个输出端（由某一 Q 端输出或若干 Q 端的组合），作为与 CP 成某种特定关系的脉冲序列。因此，本例可按六十进制计数器设计，而仅由最高位 Q 端输出。

因为单片 74LS290 所能实现的最大计数模数 $M=10$，要构成 $N=60$ 进制计数器，$M<N<M\times M=100$，故需 2 片 74LS290。而且 S_n 状态只能用 8421BCD 码，而不能用二进制码。

① $N=60$，$S_n=01100000$；

② 反馈逻辑的 $F=R_{0(1)}R_{0(2)}=\Pi Q^1=Q_6Q_5$；

③ 画逻辑图如图 3.4.19 所示。

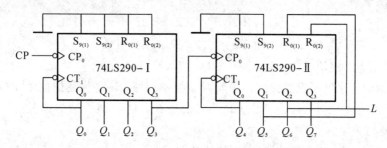

图 3.4.19 74LS290 构成 60 分频电路

值得注意的是：将低位片的最高位 Q_3 作为高位片的 CP_0 信号。不难理解，图 3.4.19 的低位片执行十进制计数，其计数循环为 0000～1001。当第 10 个 CP 脉冲到来时，低位片自然归零，其 Q_3 由 1 到 0 的变化正好作为高位片的有效 CP 脉冲，触发高位片翻转加"1"。逻辑图中反馈逻辑仅接到高位片的复位端 $R_{0(1)}$、$R_{0(2)}$，而将高位片的置 9 端 $S_{9(1)}$、$S_{9(2)}$ 和低位片的 $S_{9(1)}$、$S_{9(2)}$、$R_{0(1)}$ 及 $R_{0(2)}$ 直接接低电平，这样低位片实现 $N_0=10$，高位片实现 $N_1=6$，高低位串接后实现 $N=N_1\times N_0=6\times 10=60$。计数器级联，模数相乘。

图 3.4.19 中 L 为 60 分频输出。60 分频电路广泛地应用于计时电路中，它的输出可以作为分信号和小时信号。

（2）反馈置数法。

对于具有异步置数输入的集成计数器而言，在计数过程中，不管计数器处于何种状态，只要在其置数输入端加入置数控制信号，计数器立即将由数据输入 $(D_3D_2D_1D_0)$ 决定的状态（记为 S_0）置于计数器中，置数控制信号随之消失，计数器由 S_0 开始重新计数。置数控制信号将由计数器的输出得到。

【例 3.4.7】 试用 74LS193 设计十进制加法计数器，设计数器的起始状态为 0011。

【解】 ① 求 S_n 状态的二进制编码。

$S_n=S_0+[N]_B=0011+1010=1101$；

② 求反馈逻辑。

$\overline{LD}=\overline{\Pi Q^1}=\overline{Q_3Q_2Q_0}$

③ 画逻辑图如图 3.4.20 所示。

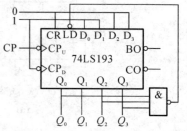

图 3.4.20 例 3.4.7 题图

2）控制端同步操作

对于有同步控制端（同步清零、同步置数）的集成计数器产品。在计数过程中，不管计数器处于哪种状态，只要在控制端加入有效的控制信号，待 CP 有效沿到来时，使计数器清零或置数，称这种控制方式为同步操作。

【**例 3.4.8**】　用 74LS161 和 74LS163 分别设计一个十进制加法计数器，要求初始状态为 0000。

【**解**】　74LS161 为 4 位二进制加法计数器，设计中宜采用二进制编码。由题设可知，欲求计数器的初态 $S_0 = 0$。具体设计步骤如下：

① 写出 N 进制计数器 S_{n-1} 状态的二进编码。

$$S_{n-1} = S_0 + [N-1]_B = 0000 + 1001 = 1001$$

② 求反馈逻辑。

$$\overline{LD} = \overline{Q_3 \, Q_0}$$

③ 画出逻辑图如图 3.4.21(a)所示。

因为置 0 法设计的计数器总是从初态 0000 开始计数，把 74LS163 反馈逻辑改为 $F = \overline{CR}$，即可得到同步置 0 法设计的十进制加法计数器，如图 3.4.21(b)所示。

图 3.4.21 （a）、(b)两个计数器均在 0000~1001 之间循环计数。

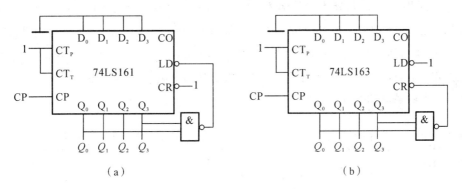

（a）　　　　　　　　　　　　　（b）

图 3.4.21　十进制加法计数器逻辑图

(a) 74LS161 构成；(b) 74LS163 构成

现将异步操作和同步操作设计 N 进制计数器的方法进行比较。在异步操作条件下，无论是异步清零法，还是异步置数法，均用 S_n 状态反馈，且 S_n 状态为瞬态；而在同步操作条件下，无论是同步清零法还是同步置数法，均用 S_{n-1} 状态反馈，无瞬态，S_{n-1} 为有效计数状态。

3.4.4　寄存器

寄存器是数字系统中用来存储二进制数据的逻辑器件，如计算机中的通用寄存器、指令码寄存器、地址寄存器和输入输出寄存器等。寄存器主要由具有公共时钟输入的多个 D 触发器组成，待存入的数据在统一的时钟脉冲控制下存入寄存器中。

寄存器按主要的逻辑功能可分为并行寄存器、串行寄存器及串并行寄存器。并行寄存器没有移位功能，通常简称为寄存器。寄存器能实现对数据的清除、接受、保存和输出功能。移位寄存器除了寄存器的上述功能外，还具有数据移位功能。

1. 寄存器

图 3.4.22 是中规模集成 8 位上升沿寄存器 74LS273 的符号图，$D_7 \sim D_0$ 为输入端，$Q_7 \sim Q_0$ 为输出端；CP 是公共时钟脉冲端，控制 8 个触发器同步工作；CR 为公共清零端。

74LS273 该寄存器为 8 位并行输入并行输出寄存器，其功能表如表 3.4.11 所示。

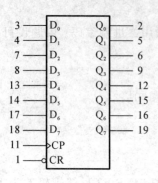

图 3.4.22 74LS273 符号图

表 3.4.11 74LS273 的功能表

$\overline{CR}$	CP	D_i	Q_i^{n+1}	工作状态
0	$\times$	$\times$	0	清零
1	↑	0	0	存 0
1	↑	1	1	存 1

4 位三态并行输入并行输出寄存器 74LS173，逻辑符号见图 3.4.23，功能表见表 3.4.12。由表可知，CR 是异步清零输入；$\overline{EN_A}$ 和 $\overline{EN_B}$ 是输出使能，当 $\overline{EN_A} + \overline{EN_B} = 1$ 时，输出为高阻状态(Z)，但对置数功能无影响，当 $\overline{EN_A} + \overline{EN_B} = 0$ 时，寄存器输出内部保存的数据，即 $Q_0 = D_0$、$Q_1 = D_1$、$Q_2 = D_2$、$Q_3 = D_3$；$\overline{ST_A}$ 和 $\overline{ST_B}$ 是输入控制，当 $\overline{ST_A} + \overline{ST_B} = 0$ 时，时钟脉冲 CP 上升沿到来，允许数据 $D_0 \sim D_3$ 置入寄存器中，当 $\overline{ST_A} + \overline{ST_B} = 1$ 时，无论 CP 如何变化，寄存器状态保持不变。

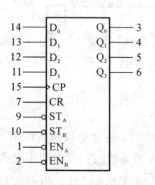

图 3.4.23 74LS173 符号图

表 3.4.12 74LS173 的功能表

CR	CP	$\overline{ST_A} + \overline{ST_B}$	$\overline{EN_A} + \overline{EN_B}$	工作状态
1	$\times$	$\times$	$\times$	清零
0	0	$\times$	$\times$	保持不变
0	↑	1	$\times$	保持不变
0	↑	$\times$	1	高阻
0	↑	0	$\times$	置数
0	$\times$	$\times$	0	允许输出

在数字系统和计算机中，不同部件的数据输入和输出一般是通过公共数据总线传送。这些部件必须具有三态输出或者通过三态缓冲器接到总线。图 3.4.24 是用三片 74LS173 寄存器Ⅰ、Ⅱ和Ⅲ进行数据传送的电路连接图。图中，$DB_3 \sim DB_0$ 是 4 位数据总线，寄存器的输入 $D_3 \sim D_0$、输出 $Q_3 \sim Q_0$ 分别与相应的数据总线相连。在寄存器使能信号控制下，可将任一寄存器的内容通过数据总线传送到另一寄存器中去。在任一时刻，只能有一个寄存器输出使能($\overline{EN} = 0$)，其余两个寄存器的输出必须处于高阻态(令 $\overline{EN} = 1$)，否则总线上电位将不确定，可能损坏寄存器。

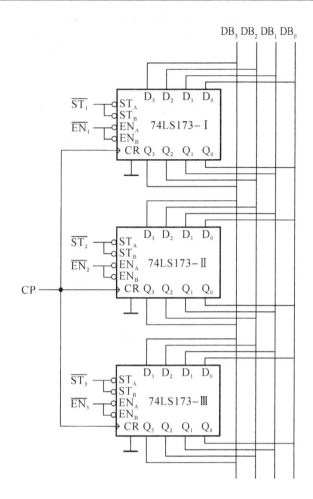

图 3.4.24　多个寄存器与数据总线的连接电路

2. 移位寄存器

移位寄存器(Shift Register)除了有寄存数码的功能,还具有将数码移位的功能。在移位操作时,每来一个 CP 脉冲,寄存器里存放的数码依次向左或向右移动一位。移位寄存器是数字系统和计算机中的一个重要部件。例如计算机作乘法运算时,需要将部分积左移。又如在主机与外部设备之间传送数据,需要将串行数据转换成并行数据,或者将并行数据转换成串行数据,这些都要对数据进行移位。移位寄存器按移位方式分类,可分为单向移位寄存器和双向移位寄存器。其中单向移位寄存器具有向左或向右移位功能,双向移位寄存器则兼有左移和右移的功能。移位寄存器的工作方式主要有串行输入并行输出、串行输入串行输出、并行输入并行输出和并行输入串行输出。

1) 集成移位寄存器——4 位双向移位寄存器

4 位双向移位寄存器 74LS194 的电路符号和功能表如图 3.4.25 和表 3.4.13 所示。$D_0 \sim D_3$ 为并行数据输入信号,$Q_0 \sim Q_3$ 为并行数据输出信号,D_{SL} 和 D_{SR} 分别是数据左移和右移输入信号,M_1、M_0 为工作方式控制信号,移位寄存器的工作情况如表 3.4.13 所示。

表 3.4.13　74LS194 的功能表

$\overline{CR}$	$M_1 M_0$	CP	$D_{SL} D_{SR}$	$D_0 D_1 D_2 D_3$	$Q_0 Q_1 Q_2 Q_3$	工作状态
0	××	×	××	××××	0 0 0 0	清零
1	1　1	↑	××	$D_0 D_1 D_2 D_3$	$D_0 D_1 D_2 D_3$	置数
1	0　1	↑	× D_{SR}	××××	$D_{SR} Q_0^n Q_1^n Q_2^n$	右移
1	1　0	↑	D_{SL} ×	××××	$Q_1^n Q_2^n Q_3^n D_{SL}$	左移
1	0　0	×	××	××××	$Q_0^n Q_1^n Q_2^n Q_3$	保持

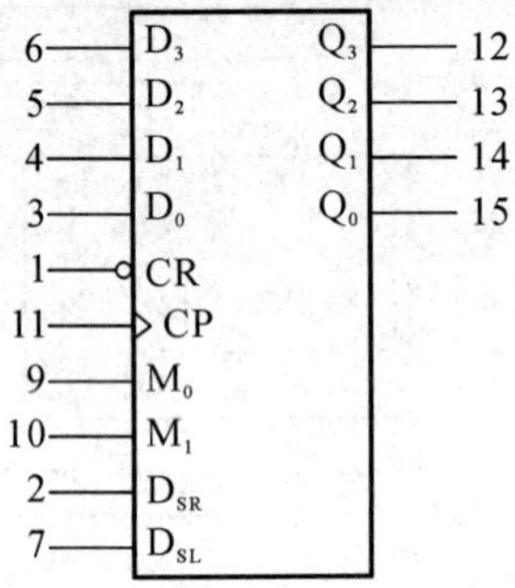

```
6 ──│ D₃      Q₃ │── 12
5 ──│ D₂      Q₂ │── 13
4 ──│ D₁      Q₁ │── 14
3 ──│ D₀      Q₀ │── 15
1 ──○│ CR          │
11 ──▷│ CP          │
9 ──│ M₀          │
10 ──│ M₁          │
2 ──│ D_SR        │
7 ──│ D_SL        │
```

图 3.4.25　74LS194 的符号图

2) 环形寄存器

将移位寄存器 74LS194 的输出 Q_3 直接反馈到串行数据输入 D_{SR}，使寄存器工作在右移状态，就可构成 4 位环形寄存器，如图 3.4.26(a) 所示。这种寄存器能够把寄存的数码循环右移。例如，原寄存器 $Q_0 \sim Q_3$ 寄存的数码为 1000，在时钟脉冲作用下，寄存器中的数码依次变为 0100、0010、0001，然后又回到 1000，如此周而复始，故又可称为循环移位寄存器。环形寄存器的工作波形如图 3.4.26(b) 所示，状态转换图如图 3.4.26(c) 所示，这 4 个状态

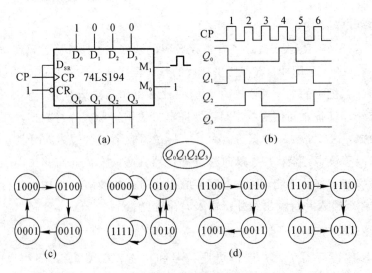

图 3.4.26　4 位环形计数器

(a) 逻辑电路图；(b) 工作波形图；(c) 有效循环；(d) 无效循环

称为有效状态。其他 12 个状态都是无效状态，如图 3.4.26(d) 所示。由工作波形可以看出，环形寄存器可以构成脉冲顺序发生器。这个电路非常简单，但是不能自启动，一般在启动时，需要在 M_1 上加置初态脉冲，如图 3.4.26(a) 所示。

可以看出，处在有效循环下的 4 位环形移位寄存器，每四个脉冲构成一个循环，在 Q_3 可以输出一个脉冲。所以它也是一个四进制计数器，也称为环形计数器。显然，n 位环形移位寄存器可以构成 n 进制计数器。

3) 扭环形计数器

如果将移位寄存器 74LS194 的最高位输出 Q_3 取非后再反馈到串行数据输入 D_{SR}，如图 3.4.27(a) 所示，就可构成 4 位扭环形寄存器。如果它的初态是 0000，则在时钟脉冲作用下，寄存器中的数码依次变为 1000、1100、…，然后又回到 0000。它的 8 个有效循环的工作波形如图 3.4.27(b) 所示，状态转换图如图 3.4.27(c) 所示。其余 8 个是无效循环，如图 3.4.27(d) 所示。显然，n 位扭环形寄存器可以构成 $2n$ 进制计数器。

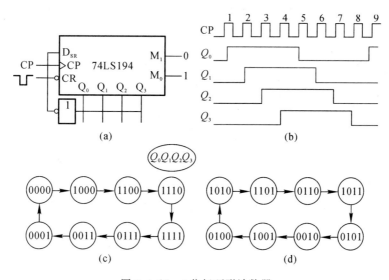

图 3.4.27　4 位扭环形计数器

(a) 逻辑电路图；(b) 工作波形图；(c) 有效循环；(d) 无效循环

3.4.5　基于 MSI 时序逻辑电路的分析

1. 分析步骤

时序逻辑电路分析流程图如图 3.4.28 所示。

图 3.4.28　功能块时序逻辑电路分析流程图

2. 分析举例

【例 3.4.9】　分析如图 3.4.29 所示电路的逻辑功能。设输出逻辑变量 R、Y、G 分别为红、黄和绿灯的控制信号，时钟脉冲 CP 的周期为 10 s。

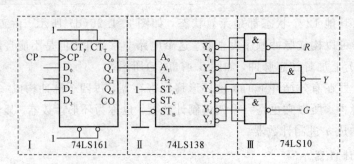

图 3.4.29 例 3.4.9 图

【解】 (1) 将电路按功能划分成 3 个功能块电路，I 是计数器，II 是译码器，III 是门电路。

(2) 分析各功能块电路的逻辑功能。

① 电路 I 是一片 74LS161，它是同步 4 位二进制计数器，无任何反馈连接，只用到低 3 位输出，显然构成了一个八进制计数器。

② 电路 II 是由一片 3-8 译码器构成的数据分配器，它把由 ST_A 输入的高电平取非后，依次分配到输出端。

③ 3 个门电路构成输出译码电路，只要与非门的输入有一个是低电平，输出就是高电平。

(3) 分析总体逻辑功能。

根据各功能块逻辑功能的分析，可知：在 CP 作用下，计数器循环计数，输出信号 R 持续 30 s，Y 持续 10 s，G 持续 30 s，Y 持续 10 s，周而复始。

分析结果：电路为交通灯控制电路。

【例 3.4.10】 分析如图 3.4.30 所示电路框图的逻辑功能。并画出 CP、f_X、Q、f_c 和 $\overline{R_D}$ 波形图。已知时钟脉冲的频率 f_{CP} 为 1 Hz，f_X 是待测脉冲的频率。

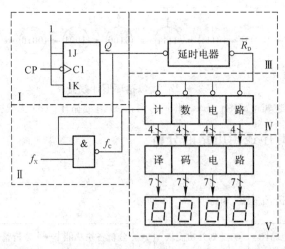

图 3.4.30 例 3.4.10 图

【解】 (1) 该电路已是功能框图。

(2) 分析各逻辑框的功能。

① 框 I 中为 JK 触发器构成的二分频电路，它的作用是输出一个高低电平各为 1 s 的采样脉冲。

② 框 Ⅱ 中为与非门构成的控制门电路，与非门的一个输入端为未知频率信号 f_x，另一个输入端为采样脉冲，它控制送入计数器脉冲的持续时间为 1 s。

③ 框 Ⅲ 中为延时电路，利用 Q 端脉冲下降沿产生一个延时清零信号。

④ 框 Ⅳ 中为 4 个 BCD 计数器级联构成一万进制计数器。

⑤ 框 Ⅴ 中是 4 组 BCD – 七段译码显示电路，用来显示测量结果。

（3）分析总体逻辑功能。

根据各功能块逻辑功能的分析，可以分析电路工作原理如下：在 Q 高电平期间，计数器对未知频率脉冲信号进行为时 1 s 的计数，Q 变成低电平后，计数器停止计数，计数器计数结果是在采样间隔内 f_x 的脉冲个数，亦脉冲波形频率的直接测量值。通过 BCD – 七段译码显示电路在数码管上显示出来，显示约 1 s 后，延时清零信号将计数器清零，准备下阶段计数，如此周而复始。

分析结果：电路为简易频率计电路，各点的工作波形如图 3.4.31 所示。

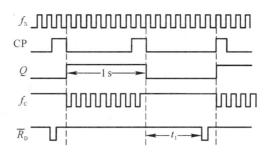

图 3.4.31　例 3.4.10 的工作波形图

3.4.6　基于 MSI 时序逻辑电路的设计

在设计时序逻辑电路时，经常碰到需要设计时序脉冲发生电路，它大致可分为计数器型和移位寄存器型两类。

1）计数器型脉冲顺序分配器

在数字控制系统和计算机中，常需要一种按时间顺序逐个出现的节拍控制脉冲，以协调各部分的工作。这种能产生节拍脉冲的电路称为脉冲顺序分配器。将移位寄存器的输入和输出经过适当的反馈连接，可构成移位寄存器型脉冲顺序分配器，它产生按时间顺序依次出现在各输出端的控制脉冲。若要利用计数器来设计 N 路脉冲顺序分配电路，可选用 N 进制计数器，把计数器的输出接到数据分配器的地址输入端，即可在分配器的输出端获得所需要的脉冲信号。

【例 3.4.11】　试用计数器和译码器设计一个能产生如图 3.4.32 所示的脉冲顺序分配器。

【解】　（1）根据设计要求，把电路划分成计数器和数据分配器两个逻辑功能块，画出功能块电路框图如图 3.4.33（a）所示。

（2）选择适当的集成器件，设计各功能块内部的电路。

本题需要 3 位二进制计数器，可以用 74LS161 来实现。本题需要原码输出的 3 – 8 译码器，如用 74LS138，输出需要加非门反相。

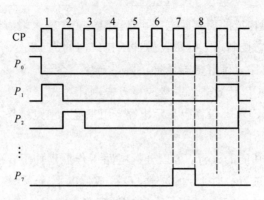

图 3.4.32 例 3.4.11 工作波形图

（3）画出逻辑电路图如图 3.4.33（b）所示。

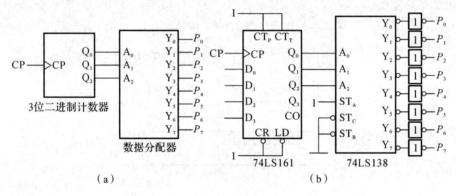

图 3.4.33 计数器型脉冲顺序分配器

（a）功能框图；（b）电路图

2）移位寄存器型时序脉冲发生器

利用移位寄存器可设计时序脉冲发生电路。图 3.4.34 是由一个 4 位移位寄存器及一个次态译码器组成的时序脉冲发生电路，可以产生任意次序的 4 位二进制码。次态译码器的作用是根据寄存器现态输出决定其次态输出。次态译码器的输入取自移位寄存器的输出 $Q_3 Q_2 Q_1 Q_0$，次态译码器的输出作为串行输入数据 D_{SR} 和 D_{SL}，并且通过 $S_1 S_0$ 控制寄存器的移位和工作状态，通过改变次态译码电路就可以改变脉冲序列。

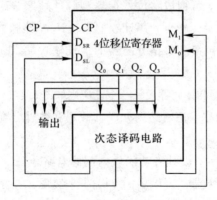

图 3.4.34 时序脉冲发生器

【例 3.4.12】 试设计一时序电路,可产生如表 3.4.14 所示的脉冲序列。

【解】 (1)根据设计要求,把电路划分成移位寄存器和次态译码电路两个逻辑功能块,功能框图如图 3.4.35 所示。

(2)选择适当的集成器件,设计各功能块内部的电路。

移位寄存器可以选择熟悉的 74LS194,本题的关键是设计次态译码电路。分析表 3.4.14,只要将 D_{SR} 根据需要置 0 或置 1,靠数据右移,即可获得给定脉冲序列,D_{SL} 的状态对电路并无影响。因此应令 $S_1 S_0 = 01$,把移位寄存器置为右移工作方式。由此可列出译码电路的真值表见表 3.4.15,化简后得 $D_{SR} = \overline{Q_2 Q_3}$。

(3)画出逻辑电路图以及工作波形图见图 3.4.35。

表 3.4.14　态序表

CP	Q_0	Q_1	Q_2	Q_3
0	1	0	0	0
1	1	1	0	0
2	1	1	1	0
3	1	1	1	1
4	0	1	1	1
5	0	0	1	1
6	0	0	0	1

表 3.4.15　态序表

CP	Q_0	Q_1	Q_2	Q_3	D_{SR}
0	1	0	0	0	1
1	1	1	0	0	1
2	1	1	1	0	1
3	1	1	1	1	0
4	0	1	1	1	0
5	0	0	1	1	0
6	0	0	0	1	1

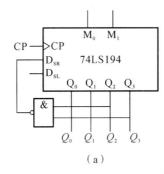

(a)

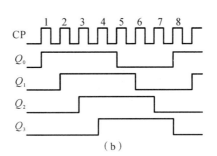

(b)

图 3.4.35　例 3.4.12 图

(a)逻辑电路图;(b)工作波形图

3.5　脉冲的产生与整形电路

➡ 教学目标

(1)掌握 555 集成定时器的主要功能;

(2)熟悉 555 集成定时器的主要应用电路。

➡ 教学建议

以讲授、自学、课堂讨论等多种方法组织教学。

555 定时器是一种中规模集成电路,利用它可以方便地构成施密特触发器、单稳态触发器和多谐振荡器等。555 定时器具有功能强、使用灵活、应用范围广等优点,目前在仪器、仪表和自动化控制装置中得到了广泛应用。

1. 555 定时器

555 定时器有 TTL 型和 CMOS 型两类，它们的逻辑功能和外部引线排列完全相同。图 3.5.1 为 TTL 集成定时器 NE555 的电路结构和管脚图。从图可知，它有 8 个引出端：①为接地端、⑧为正电源端、④为复位端、⑥为高触发端、②为低触发端、⑦为放电端、③为输出端、⑤为电压控制端。NE555 是双列直插式组件，它由分压器、电压比较器、基本 RS 触发器、放电管和输出缓冲及几个基本单元组成。分压器由 3 个 5 kΩ 的电阻组成，它为两个比较器提供参考电平。如果⑤号脚悬空，则比较器的参考电压分别为 $2V_{CC}/3$ 和 $V_{CC}/3$。改变⑤号脚的接法可以改变比较器的参考电平。A_1 和 A_2 是两个结构完全相同的高精度的电压比较器。由图可知，A_1 的同相输入端接参考电压 $V_{ref1} = 2V_{CC}/3$，A_2 的反相输入端接参考电压 $V_{ref2} = V_{CC}/3$，在高触发端和低触发端输入电压的作用下，A_1 和 A_2 的输出电压 u_{O1} 和 u_{O2} 的数值不是 V_{CC} 就是 0 V，它们作为基本 RS 触发器的输入信号。基本 RS 触发器的输出 Q 经过一级与非门控制放电三极管，再经过一级反相驱动门作为输出信号。$\overline{R_D}$ 为复位端，在正常工作时应接高电平。

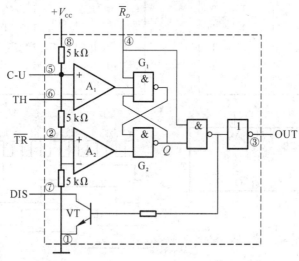

图 3.5.1　NE555 集成定时器的电路结构图

当高触发端输入电压 $u_6 > 2V_{CC}/3$，低触发端输入电压 $u_2 > V_{CC}/3$ 时，比较器 A_1 输出低电平，A_2 输出高电平，基本 RS 触发器被置 0，放电管 VT 导通，输出 u_O 为低电平；当 $u_6 < 2V_{CC}/3$，$u_2 < V_{CC}/3$ 时，A_1 输出高电平，A_2 的输出低电平，基本 RS 触发器被置 1，放电管 VT 截止，输出 u_O 为高电平；当 $u_6 < 2V_{CC}/3$，$u_2 > V_{CC}/3$ 时，A_1 输出高电平，A_2 输出高电平，基本 RS 触发器的状态不变，电路也保持原状态不变。

NE555 的功能如表 3.5.1 所示，其中×表示任意态。

表 3.5.1　555 功能表

u_6	u_2	$\overline{R_D}$	OUT	DIS
×	×	L	L	导通
$> \frac{2}{3}V_{CC}$	$> \frac{1}{3}V_{CC}$	H	L	导通
$< \frac{2}{3}V_{CC}$	$> \frac{1}{3}V_{CC}$	H	不变	不变
×	$< \frac{1}{3}V_{CC}$	H	H	截止

555 组件接上适当 R、C 定时元件和连线，可构成施密特触发器、单稳态触发器和多谐振荡器等电路。

NE555 定时器的电源电压范围为 $5\sim16$ V，输出电流可达 100 mA。

2. 用 555 定时器构成的施密特触发器

施密特触发器如图 3.5.2 所示。

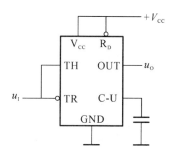

图 3.5.2　555 构成的施密特电路

现以输入电压 u_I 为如图 3.5.3 所示的三角波为例，来说明图 3.5.2 电路的工作过程。由表 3.5.1 可知：在 u_I 上升期间，当 $u_I < \frac{1}{3}V_{cc}$ 时，电路输出 u_O 为高电平；当 $\frac{1}{3}V_{cc} < u_I < \frac{2}{3}V_{cc}$ 时，输出 u_O 不变，仍为高电平；当 u_I 增大到略大于 $\frac{2}{3}V_{cc}$ 时，电路输出 u_O 变为低电平。当 u_I 由高于 $\frac{2}{3}V_{cc}$ 值下降，达到 TH 端（⑥端）的触发电平时，电路输出不变；直到 u_I 下降到略小于 $\frac{1}{3}V_{cc}$ 时，输出 u_O 跃变为高电平。

根据上述过程可得出 u_I 是三角波时，输出电压变为上升沿和下降沿都很陡峭的矩形波，如图 3.5.3 所示。此图进一步说明：u_I 上升时电路改变状态的输入电压 U_{T+}（称为上限阈值电压）和 u_I 下降时电路改变状态的输入电压 U_{T-}（称为下限阈值电压）不同，两者之间的差值为 555 定时器构成的施密特电路的回差电压，即

$$\Delta U_T = U_{T+} - U_{T-}$$

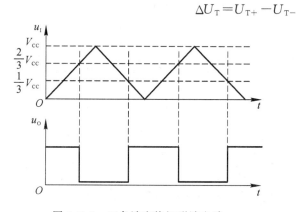

图 3.5.3　三角波变换矩形波电路

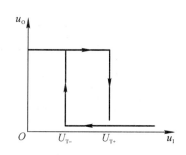

图 3.5.4　回差特性

由图 3.5.3 可得出 u_O 和 u_I 关系，即电路的电压传输特性，如图 3.5.4 所示。其上、下

限阈值电压 U_{T+} 和 U_{T-}、回差电压 ΔU_T 分别为

$$U_{T+}=\frac{2}{3}V_{CC}, \quad U_{T-}=\frac{1}{3}V_{CC}, \quad \Delta U_T=\frac{1}{3}V_{CC}$$

如果在 C-U 端（⑤端）施加直流电压，则可调节滞回电压 ΔU_T 值。控制电压越大，滞回电压 ΔU_T 也越大。回差大，电路的抗干扰能力强。

图 3.5.5 示出了 555 定时器构成的施密特触发器用作光控路灯开关的电路图。图中，R_L 是硫化镉（CdS）光敏电阻，有光照射时，阻值在几十千欧左右；无光照射时，阻值在几十兆欧左右。KA 是继电器，由线圈和触点组成，线圈中有电流流过时，继电器吸合，否则不吸合。VD 是续流二极管，起保护 555 的作用。

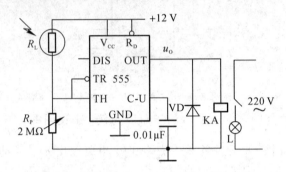

图 3.5.5 施密特触发器用作光控路灯开关

由图 3.5.5 可以看出，555 定时器构成了施密特触发器。白天光照比较强，光敏电阻 R_L 的阻值比较小，远远小于电阻 R_P，使得触发器输入端电平较高，大于上限阈值电压 8 V，定时器输出低电平，线圈中没有电流流过，继电器不吸合，路灯 L 不亮；随着夜幕的降临，光照逐渐减弱，光敏电阻 R_L 的阻值逐渐增大，触发器输入端的电平也随之降低。当触发器输入端的电平小于下限阈值电压 4 V 时，输出变为高电平，线圈中有电流流过，继电器吸合，路灯 L 点亮。实现了光控路灯开关的作用。

3. 用 555 定时器构成的单稳态触发器

图 3.5.6(a) 是用 555 构成的单稳态触发器，图 3.5.6 (b) 是其工作波形图。图中 R、C 为外接定时元件。输入触发信号接在低触发端 $\overline{TR}$（②端），由 OUT 端（③端）输出信号。

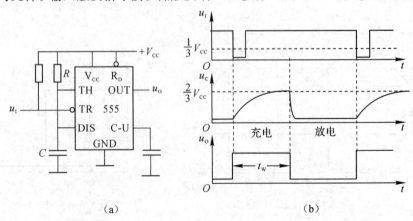

（a）　　　　　　　　　　（b）

图 3.5.6 555 构成的单稳态触发器及工作波形图

稳态时：触发端处于高电平（$u_1 \approx V_{CC}$），定时电容 C 两端电压为低电平，高触发（TH）端为低电平，电路输出 $u_O \approx 0$。

触发翻转：当输入信号 u_1 的负脉冲到来时，只要负脉冲的低电平值小于 $V_{CC}/3$，电路输出 u_O 跃变为高电平，放电管截止，电路处于暂稳态。同时，电源 V_{CC} 通过 R 对电容 C 充电。

自动返回：当电容 C 充电使 $u_C \geqslant 2V_{CC}/3$ 时，u_O 跃变为低电平，放电管 VT 导通，电容 C 通过 VT 迅速放电，电路返回到稳态。

单稳态触发器的输出脉冲宽度，即暂稳态时间 t_w 取决于 R 和 C 的数值。

$$t_w = RC \ln 3 \approx 1.1RC \tag{3.5.1}$$

4. 用 555 定时器构成的多谐振荡器

555 外接定时电阻 R_1、R_2 和电容 C 构成的多谐振荡器电路如图 3.5.7(a) 所示。

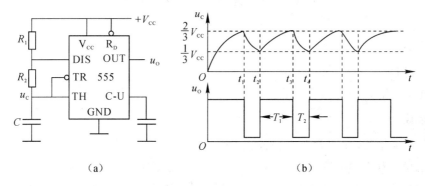

（a）　　　　　　　　　　　　（b）

图 3.5.7　555 构成的单稳态触发器及工作波形图

（a）电路图；（b）工作波形

当接通电源 V_{CC} 时，如电容 C 上的初始电压为 0，由表 3.5.1 可知，u_O 处于高电平，放电管 VT 截止，电源通过 R_1、R_2 向 C 充电；经过 t_1 时间后，u_C 达到高触发电平（$2V_{CC}/3$），u_O 由 1 变为 0，这时放电管 VT 导通，电容 C 通过电阻 R_2 放电；到 $t = t_2$ 时，u_C 下降到低触发电平（$V_{CC}/3$），u_O 又翻回到 1 状态，随即 VT 又截止，电容 C 又开始充电。如此周而复始，重复上述的过程。就可以在输出端（③端）得到矩形波电压。

现以 $t = t_2$ 为起始点，可得充电时间 T_1 为

$$T_1 = (R_1 + R_2)C \ln 2 \approx 0.693(R_1 + R_2)C \tag{3.5.2}$$

若以 t_3 为起始点，可得电容 C 的放电时间为

$$T_2 = R_2 C \ln 2 \approx 0.693 R_2 C \tag{3.5.3}$$

由此可得矩形波的周期为 $T = T_1 + T_2$，频率为

$$f = \frac{1}{T_1 + T_2} \approx 1.44 \frac{1}{(R_1 + 2R_2)C} \tag{3.5.4}$$

振荡频率主要取决于时间常数 R 和 C，改变 R 和 C 参数可改变振荡频率，幅度则由电源电压 V_{CC} 来决定。输出的矩形波的占空比为

$$q = \frac{T_1}{T} = \frac{R_1 + R_2}{R_1 + 2R_2} > 50\% \tag{3.5.5}$$

如果 $R_1 \gg R_2$，则占空比接近于 1，此时，u_C 近似地为锯齿波。

如果将如图 3.5.7(a) 所示电路略加改变，就可构成占空比可调的多谐振荡器，如图

3.5.8所示。图3.5.8中增加了可调电位器 R_W 和两个引导二极管，该电路放电管 VT 截止时，电源通过 R_A、VD_1 对电容 C 充电；放电管 VT 导通时，电容通过 VD_2、R_B、VT 进行放电。只要调节 R_W，就会改变 R_A 与 R_B 的比值，从而改变输出脉冲的占空比。图中，$T_1 = 0.693 R_A C$，$T_2 = 0.693 R_B C$，因此输出脉冲占空比为

$$q = \frac{T_1}{T} = \frac{R_A}{R_A + R_B} \qquad (3.5.6)$$

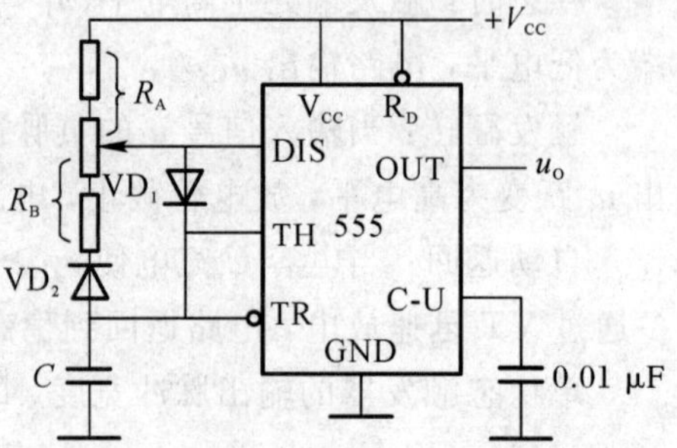

图 3.5.8　占空比可调的多谐振荡器

3.6　数模和模数转换

教学目标

(1) 理解 DAC、ADC 的工作原理；

(2) 理解常用 DAC 及 ADC 的主要性能指标。

教学建议

以讲授、课堂讨论、自学等多种方法组织教学。

在自动检测和控制系统中，常见的物理量，如速度、压力和温度等，一般都是随时间连续变化的模拟信号。为了把模拟信号送入计算机进行处理，必须首先把该模拟信号转换成为相应的数字信号。另外，计算机对输入信号处理和运算的结果通常也需要转换成为模拟信号再送回系统。通常把模拟量转换成为相应数字量的过程称模数转换，相应的转换器件称为模数转换器(Analog – Digital Converter，简称 ADC)。把数字量转换成为相应模拟量的过程称数模转换，相应的转换器件称为数模转换器(Digital – Analog Converter，简称 DAC)。

3.6.1　数模转换器

1. 基本转换原理及转换技术

1) 基本转换原理

DAC 的基本功能是把 n 位数字量 D_n 转换为与之成正比的模拟电压 u_O 或电流 i_O。把一个 n 位的二进制数 $D_n = d_{n-1} d_{n-2} \cdots d_1 d_0$ 加到如图 3.6.1 所示 DAC 的输入端，DAC 的输出电压值 u_O 为

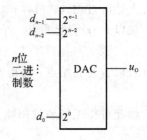

图 3.6.1　电压型 DAC 框图

$$u_O = (d_{n-1} 2^{n-1} + d_{n-2} 2^{n-2} + \cdots + d_1 2^1 + d_0 2^0) V_\Delta = D_n V_\Delta \qquad (3.6.1)$$

式中，V_Δ 称为 DAC 的单位量化电压，它的大小等于 D_n 为 1 时，DAC 输出的模拟电压值。显然，DAC 最大的输出电压 $u_{O max} = (2^n - 1) V_\Delta$。

一般常见的 DAC 多是电流输出型的，为了得到模拟电压输出，可在它的后面接一个电流电压转换电路。

2）常用转换技术

（1）倒 T 型电阻网络 DAC。

一个 4 位电压输出倒 T 型电阻网络 DAC 如图 3.6.2 所示。它是由倒 T 型电阻网络、模拟开关和一个电流电压(I/V)转换电路组成。模拟开关受输入的二进制数码控制。当某个数字代码为 1 时，其相应的模拟开关把 2R 电阻接到 I/V 转换电路输入端，流过该 2R 支路的电流在转换电路输出端产生相应输出电压。当数字代码为 0 时，相应模拟开关把 2R 电阻接地，流过该电阻的电流对转换电路不起作用。由于放大器反相输入端为 0 V(虚地)，所以不管数字代码是 0 或是 1，流过倒 T 型电阻网络各支路的电流始终不变。

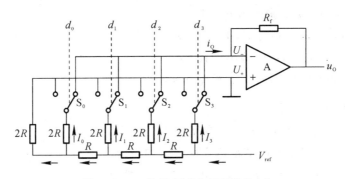

图 3.6.2　4 位倒 T 型电阻网络 DAC

4 位二进制数倒 T 型电阻网络 DAC 的电压 u_O 与输入二进制数 D_n 之间的关系为

$$u_O = D_4 \left(-\frac{R_f V_{ref}}{2^4 R} \right) \qquad (3.6.2)$$

同理，对 n 位二进制数的倒 T 型电阻网络，可得 DAC 输出电压为

$$u_O = D_n \left(-\frac{R_f V_{ref}}{2^n R} \right) \qquad (3.6.3)$$

式中，$-\dfrac{R_f V_{ref}}{2^n R}$ 为该 DAC 的单位量化电流。

（2）权电流网络 DAC。

4 位二进制数权电流网络 DAC 如图 3.6.3 所示，它由权电流网络、模拟开关和 I/V 转换电路组成。权电流网络由倒 T 型电阻网络和若干晶体管恒流源组成。由于恒流源的输出电阻极大，模拟开关导通电阻的变化对权电流的影响极小，这样就大大提高了转换精度。

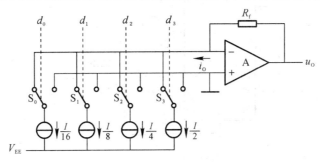

图 3.6.3　4 位全电流网络 DAC

4 位二进制数权电流网络 DAC 输出电压表达式为

$$u_O = \frac{D_n I R_f}{16} \tag{3.6.4}$$

式中，$I R_f / 16$ 为该 DAC 的单位量化电压。

2. DAC 的主要参数和误差

1）转换精度

DAC 的转换精度主要是由分辨率和转换误差来决定的。

（1）分辨率。DAC 的分辨率为单位量化电压与最大输出电压的比，一般为 $1/(2^n-1)$。通常用二进制数码的位数 n 来表示分辨率。

（2）转换误差。在理想情况下，DAC 输入一个数字代码时，其模拟电压输出值都应在理想转换直线上。但实际 DAC 输出的模拟量总会产生各种形式的偏离，这些偏离就是 DAC 的误差，它包括偏移误差、增益误差和非线性误差等。

2）建立时间（转换时间）

DAC 的建立时间定义为：从输入数字代码全 0 变为全 1 瞬间起，到 DAC 输出的模拟量达到稳定值的规定误差范围内止，所需要的时间间隔。规定的误差带一般为 ±1/2 单位量化电压值。当数字输入代码由全 0 变为全 1 时，DAC 的模拟电压输出从 0 到 U_{Omax} 的过程一般具有阻尼振荡，其波形如图 3.6.4 所示。

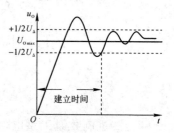

图 3.6.4　DAC 的建立时间

3. 集成 DAC

1）DAC0808

DAC0808 是一种常用的 8 位权电流网络 DAC，典型应用参数为 $V_{CC} = +5$ V，$V_{EE} = -15$ V，-10 V $\leqslant u_O \leqslant +18$ V，$V_{ref(+)max} = +18$ V，$V_{ref}/R_{ref} \leqslant 5$ mA。

DAC0808 应用时需外接运算放大器、基准电源及产生基准电流的电阻 R_{ref}，其典型应用图如图 3.6.5 所示。

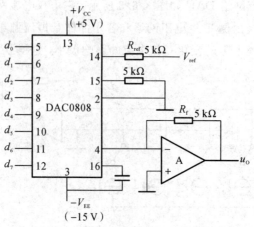

图 3.6.5　DAC0808 典型应用图

模拟输出电压为

$$u_O = \frac{R_f V_{ref}}{2^8 R_{ref}} D_n = \frac{V_{ref}}{2^8} D_n \tag{3.6.5}$$

2) AD561

AD561 是 10 位权电流网络集成 DAC，使用时只需外接运算放大器即可，其典型应用电路如图 3.6.6 所示。

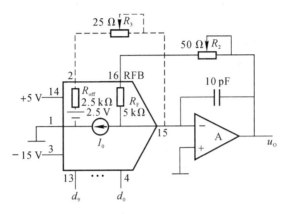

图 3.6.6　AD561 典型应用图

当偏移电压输入端 2 脚悬空时，DAC 模拟输出电压 u_O 为

$$u_O = \frac{10 D_n}{2^{10}} \tag{3.6.6}$$

当输入 $D_n = 00\cdots0$ 到 $11\cdots1$ 变化时，可以得到 $0 \sim +9.99$ V 的单极性输出电压。将 2 端接到运算放大器的反相输入端，如图 3.6.6 中虚线所示，则可以得到 $-5.000 \sim +4.99$ V 的双极性输出电压。

4. 集成 DAC 的应用

集成 DAC 用途很广，除了可以进行单、双极性数模转换的基本功能外，还可以构成乘法器和波形发生电路等。一种阶梯波形发生电路如图 3.6.7(a) 所示，在 8 位二进制计数器作用下，DAC 的输出波形如图 3.6.7(b) 所示。

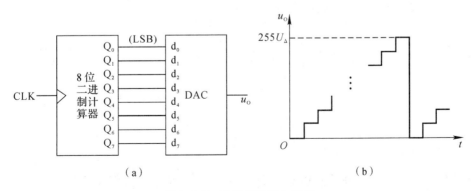

（a）　　　　　　　　　　　　（b）

图 3.6.7　阶梯波形发生电路

（a）电路图；（b）波形图

3.6.2 模数转换器

1. 转换的基本原理

模数转换器的功能是把模拟电压 u_1 转换成为与它成比例的二进制数字量 D_n 的电路。A/D 转换一般包括量化和编码两个过程。所谓量化就是把幅值可连续变化的电压转化成为所规定的单位量化电压的整数倍。编码是把量化的结果用代码表示出来。

1) 输入输出关系

A/D 转换器的功能框图如图 3.6.8 所示。把一个直流或缓慢变化的电压 u_1 接到 ADC 的输入端，这时转换器输出的 n 位二进制数 D_n 为

$$D_n = \left[\frac{u_1}{V_\Delta}\right] \tag{3.6.7}$$

式中，V_Δ 叫做 ADC 的单位量化电压，它也是 ADC 最小分辨电压。$[u_1/V_\Delta]$ 表示将商 u_1/V_Δ 取整。

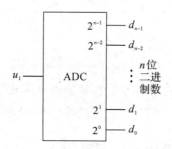

图 3.6.8 A/D 转换器功能框图

2) 取样

由于输入电压在时间上是连续的，故只能在特定的时间点对输入电压取样。按取样定律，要正确恢复输入电压 u_1，取样脉冲的频率必须高于输入模拟信号最高频率分量的两倍。模数转换一般需要增加一个取样-保持过程。取样-保持过程按一定采样周期把时间上连续变化的信号变为时间上离散的信号。取样结束后需要保持到下一次采样时刻，以便将这些取样值转换成数字量输出。对 u_1 取样-保持过程如图 3.6.9 所示。

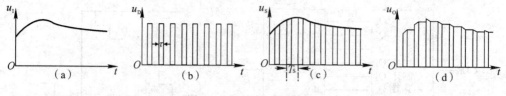

图 3.6.9 取样-保持过程

3) 量化与编码

输入电压 u_1 的幅值是连续变化的，它的幅值不一定是其量化电压的整倍数，所以量化过程不可避免地会引入误差，这种误差叫量化误差。

例如，为了把一个 $0\sim8$ V 的模拟电压 u_1 转换成为 3 位二进制数码，首先取 0 V、1 V、

…、7 V 等 8 个离散电平，它们的差值都等于一个量化电压，即 1 V。如果 u_I 在 0～1 V 的范围内，则就用 0 V 来表示该电压值；如果在 1～2 V 的范围内，则就用 1 V 来表示；……在 7～8 V，则就用 7 V 来表示。显然，这种舍尾取整量化方法最大量化误差可达到 1 V。为了减少量化误差，可以采用四舍五入量化方法，如果 u_I 在 0～0.5 V，则用 0 V 来表示；在 0.5～1.5 V，则就用 1 V 来表示；……在 6.5～7.5 V，则就用 7 V 来表示。如果限制最大输入电压 u_{Imax} 为 $7.5V_\Delta$，则最大量化误差可减少到 1/2 个量化单位。

量化后的信号只是一个幅值离散的信号，为了对量化后的信号进行处理，还应该把量化的结果用二进制代码或其他形式表示出来，这个过程就叫做编码。经过编码后，上述 8 个离散电平 0 V、1 V、…、7 V 可分别用二进制数 000、001、…、111 来表示。这样就完成了模拟量到数字量的转换。两种量化和编码过程中，输入输出之间的关系如图 3.6.10 和图 3.6.11 所示。

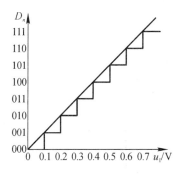

图 3.6.10　舍尾取整量化过程

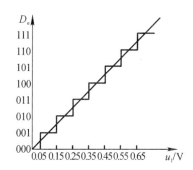

图 3.6.11　四舍五入量化过程

2. 采样-保持电路

采样-保持电路主要由模拟开关、存储电容和两个缓冲放大器组成。图 3.6.12 为一个采样-保持电路的原理图。模拟信号经过缓冲器 A_1 输入到模拟开关 T 的输入端，模拟开关的输出与缓冲器 A_2 相连接，A_2 的输出就是模拟信号的采样值。采样控制信号 u_D 由控制端输入，当控制信号 u_D 为高电平时，模拟开关 T 导通，A_2 的输出 u_S 与输入模拟信号 u_I

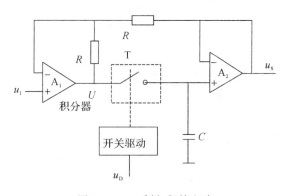

图 3.6.12　采样-保持电路

相同，为该时刻的采样值。在图 3.6.12 中，保持功能是靠存储电容 C 完成的。当采样控制信号 u_D 为高电平时，电容 C 上的电压 u_C 跟随输入电压 u_I 变化；当 u_D 为低电平时，模拟开关 T 截止，u_C 保持不变，A_2 的输出为上一次采样结束时的电压。

3. A/D 转换器的分类

A/D 转换器的类型很多，原理各异。按照转换速度由高到低可分为并行比较型、逐次渐近型和双积分型。按照有无中间参数可分为直接 A/D 转换型和间接 A/D 转换型。并行比较型和逐次渐近型 A/D 转换器都属于直接 A/D 转换型。间接 A/D 转换器一般又可以分为电压-频率变换型和电压-时间变换型两种。前者是把模拟输入信号通过中间信号频率，再转换成数字信号；后者是先把模拟信号转换成中间信号时间后，再转换成数字信号。下面介绍几种典型的 A/D 转换器。

1）并行比较型 A/D 转换器

3 位并行比较型 ADC 的原理如图 3.6.13 所示。整个电路由分压电路、比较电路和编码器三部分组成。

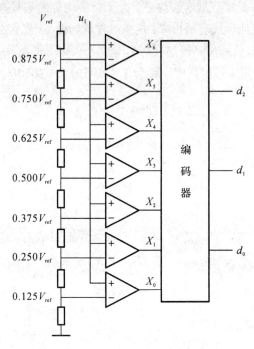

图 3.6.13　3 位并行比较型 ADC

（1）分压电路由八个相同的电阻组成，它把基准电压 V_{ref} 分成八层。每层电平可用一个二进制数码来表示。例如：000 代表 0 V，001 代表 $V_{ref}/8$，010 代表 $V_{ref}/4$，…，111 代表 $7V_{ref}/8$。显然，这里采用了舍尾取整量化法，输入电压范围为 0～V_{ref}。如果采用四舍五入取整法，可以把分压电路最上端电阻改为 $3R/2$，最下端电阻改为 $R/2$，输入电压范围为 0～$15V_{ref}/16$。

（2）比较电路由七个比较器组成。模拟输入电压 u_1 同时接到比较器的同相输入端，而比较器的反相输入端分别接到分压器的各层电平上。这样，输入的模拟电压就可以与七个基准电压同时进行比较。在各比较器中，若模拟电压 u_1 低于基准电压，比较器输出为 0；反之，若模拟电压 u_1 高于基准电压，比较器输出为 1。模拟电压、各比较器输出逻辑电平和输出代码之间的关系如表 3.6.1 所示。

（3）编码器是一个多输入多输出的组合逻辑电路，它的作用是将比较器的输出逻辑电平转换成二进制数。

由并行比较型 A/D 转换器工作原理可以看出，它的转换速度非常高，转换时间只取决于比较器的响应时间和编码器的延时，典型值为 100 ns，甚至更小。

并行比较型 A/D 转换器的最大缺点是随着分辨率的提高，比较器和有关器件按几何级数增加。如一个 n 位 ADC 就需要 2^n-1 个比较器，使得并行比较型 ADC 的制作成本较高。

因此并行比较型 A/D 转换器一般用在转换速度快而精度要求不太高的场合。

表 3.6.1　模拟电压、比较器输出和输出代码之间的关系

u_1/V_{ref}	X_6	X_5	X_4	X_3	X_2	X_1	X_0	d_2	d_1	d_0
$0 \sim 1/8$	0	0	0	0	0	0	0	0	0	0
$1/8 \sim 2/8$	0	0	0	0	0	0	1	0	0	1
$2/8 \sim 3/8$	0	0	0	0	0	1	1	0	1	0
$3/8 \sim 4/8$	0	0	0	0	1	1	1	0	1	1
$4/8 \sim 5/8$	0	0	0	1	1	1	1	1	0	0
$5/8 \sim 6/8$	0	0	1	1	1	1	1	1	0	1
$6/8 \sim 7/8$	0	1	1	1	1	1	1	1	1	0
$7/8 \sim 1$	1	1	1	1	1	1	1	1	1	1

2）逐次渐近型 A/D 转换器

逐次渐近型 A/D 转换器的工作过程可以用天平称物体重量的过程来比喻。先试放一个最重的砝码，如果物体的重量比砝码轻，则应该把这个砝码去掉；反之，应保留这个砝码。再加上一个次重的砝码，采用上述同样的方法决定该砝码的取舍。这样依次进行，使砝码的重量逐渐逼近物体的重量

逐次渐近型 A/D 转换器主要由数码寄存器、DAC、电压比较器以及相应的控制电路组成，它的方框图如图 3.6.14 所示。

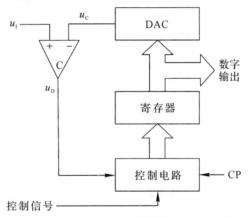

图 3.6.14　逐次渐近型 A/D 转换器的方框图

逐次渐近型 A/D 转换器的基本工作原理是：控制电路首先把寄存器的最高位置 1，其他各位置 0，即使寄存器的数值为 100…000。DAC 把寄存器的这个数值转换成为相应的模拟电压值 u_C，然后把 u_C 与输入的模拟量 u_1 相比较，如果 $u_C > u_1$，说明这个数值太大了，应该把最高位的这个 1 清除，也就是使最高位为 0；如果 $u_C < u_1$，说明这个数值比模拟量对应的数值还要小，应该保留这个 1。再把次高位置 1，并用同样的方法判别次高位应该是 1还是 0。按照这样的方法，依次进行，直到最低有效位的数值被确定，就完成了一次转换。这时寄存器输出的数码就是输入的模拟信号所对应的数字量。

逐次渐近型 A/D 转换器的转换速度比并行比较型 A/D 转换器的低，但仍具有较高的转换速度，且电路结构简单的多，这是它的突出优点。因此，逐次渐近型 A/D 转换器是目前集成 A/D 转换器产品中用的最多的一种电路，被广泛应用在要求实现较高速转换的场合。

逐次渐近型 A/D 转换器对输入模拟电压进行瞬时值采样比较，如果在输入模拟电压上叠加有外界干扰时，将会造成一定的转换误差，所以它的抗干扰能力不够理想。

3）双积分型 A/D 转换器

双积分型 A/D 转换器是一种电压-时间变换型 ADC，它的转换原理是把被测电压 u_1 先转换成与之成正比的时间间隔 Δt，然后利用计数器在 Δt 内对一已知的恒定频率 f_c 的脉冲进行计数。可以看出当 f_c 为定值时，计数器中的数值与 Δt 成正比，从而把被测电压转换成为与之成正比的数字量。

图 3.6.15 是双积分型 A/D 转换器原理框图，它由积分器、过零比较器、时钟控制门、n 位二进制计数器和定时器组成。双积分 A/D 转换器在一次转换过程中要进行两次积分。第一次，积分器对模拟输入电压 $+u_i$ 进行定时积分，第二次对恒定基准电压 $-V_{\text{ref}}$ 进行定值积分，二者具有不同的斜率，故称为双斜积分（简称为双积分）A/D 转换器。

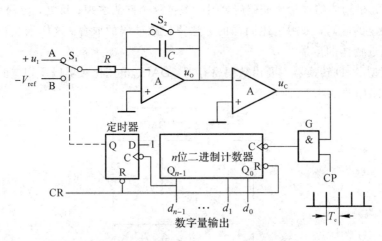

图 3.6.15　双积分型 A/D 转换器原理框图

首先提供清零脉冲 $\overline{\text{CR}}$，将计数器和定时器清零。S_2 短时间闭合使积分电容放电。

第一次定时积分又称为采样阶段。采样开始时，定时器 $Q=0$，使电子开关 S_1 与 A 端接通。此时积分器对输入电压 $+u_1$ 进行反向积分，假设输入电压 u_1 在采样阶段保持不变，达到采样结束时刻 t_1 时，积分器的输出电压 $u_O(t_1)$ 为

$$u_O(t_1) = -\frac{1}{RC}\int_0^{t_1} u_1 \mathrm{d}t = -\frac{u_1}{RC}t_1 \tag{3.6.8}$$

采样积分阶段 $u_O(t)$ 随输入电压 u_1 大小不同而变化情况如图 3.6.16 所示。由于采样阶段 $u_O(t)<0$，比较器的输出 u_c 为高电平，时钟控制门 G 打开，计数器进行加法计数。在 2^n 个时钟脉冲后，定时器 $Q=1$，使电子开关 S_1 与 B 端接通，采样结束，积分器转入下一阶段。若令采样阶段的时间间隔为 T_1，即 $T_1=t_1$。显然，由式(3.6.8)可得

$$u_O(t_1) = -\frac{u_1}{RC}T_1 = -\frac{u_1}{RC}(2^n T_{\text{CP}}) \tag{3.6.9}$$

第二次积分称为比较阶段，积分器对基准电压$-V_{\text{ref}}$进行反向积分，如图 3.6.16 所示。在比较阶段，计数器从 0 开始重新计数。当$u_{\text{O}}(t_2)$上升至零时，比较器输出变为 0，比较阶段结束，计数器停止计数。积分器的输出电压$u_{\text{O}}(t_2)$为

$$u_{\text{O}}(t_2) = u_{\text{O}}(t_1) + \frac{1}{RC}\int_{t_1}^{t_2} V_{\text{ref}}\,\mathrm{d}t = u_{\text{O}}(t_1) + \frac{V_{\text{ref}}}{RC}(t_2 - t_1) = 0 \tag{3.6.10}$$

若令比较阶段的时间间隔为Δt，即$\Delta t = t_2 - t_1$。由式(3.6.9)和(3.6.10)可得

$$\Delta t = -\frac{RC}{V_{\text{ref}}}u_{\text{O}}(t_1) = \frac{RC}{V_{\text{ref}}}\frac{T_1}{RC}u_{\text{I}} = \frac{T_1}{V_{\text{ref}}}u_{\text{I}} \tag{3.6.11}$$

由此可见，比较阶段的时间间隔Δt正比于输入模拟电压的平均值u_{I}，而与积分的时间常数RC无关。图 3.6.16 中虚线表示了不同输入模拟电压u_{I}时的Δt。

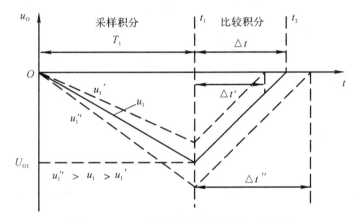

图 3.6.16　双积分型 A/D 转换的工作波形

第二次积分结束时，计数器中的数值为双积分 ADC 的转换结果，即

$$D_n = \frac{\Delta t}{T_{CP}} = \frac{T_1}{T_{CP}V_{\text{ref}}}u_{\text{I}} = \frac{u_{\text{I}}}{V_{\text{ref}}}2^n \tag{3.6.12}$$

若输入电压$u_1(t)$在采样阶段是变化的，则$u_{\text{O}}(t_1)$正比于输入模拟电压的平均值U_1。因此，若T_1取 20 ms 的整倍数，双积分 ADC 就具有极强的抗 50 Hz 工频干扰的优点。双积分 ADC 的转换速度较慢，完成一次 A/D 转换一般需几十毫秒以上，这对数字测量仪表来说一般无关紧要，因为仪表的精度是关键，而速度一般不要求很快。可是在自动化设备中(如巡回检测、数字遥测等)，一个 A/D 转换器需对多路模拟信息进行转换，如一次 A/D 转换需几十到几百毫秒，往往感到费时太长。

4. ADC 的主要参数

1) 转换精度

ADC 的转换精度主要是由分辨率和转换误差来决定的。

(1) 分辨率。分辨率是指 ADC 能够分辨输入信号的最小变化量，定义为最小分辨电压(单位量化电压)与最大输入电压的比值。分辨率通常以 ADC 数字信号的位数n来表示。n位模数转换器的分辨率为$1/2^n$。

(2) 转换误差。转换误差主要包括量化误差、偏移误差、增益误差等。ADC 转换误差一般以最大误差形式给出，例如$\varepsilon_{\max} \leqslant \pm 1/2$ LSB。

2）转换时间

A/D 转换器的转换时间定义为：从模拟信号输入起，到规定精度之内的数字输出止，转换过程所经过的时间。转换速率是转换时间的倒数。

5. 集成 A/D 转换器 ADC0804

ADC0804 是 8 位 CMOS 集成 A/D 转换器，它的转换时间为 100 μs，输入电压为 0～5 V，它能够方便的与微处理器相连接。ADC0804 的管脚和说明见图 3.6.17。

U_{IN+}、U_{IN-}—模拟信号输入端；

$D_0 \sim D_7$—数字信号输出端；

AGND、DGND—模拟和数字信号地；

CLKIN—外接时钟输入端；

CLKR—内部时钟外接电阻输入端；

$\overline{CS}$—片选信号输入端；

$\overline{RD}$、$\overline{WR}$—读和写信号输入端；

$\overline{INTR}$—转换结束信号输出端

图 3.6.17　ADC0804 管脚图

ADC0804 各输入输出信号的时序图见图 3.6.18。当 $\overline{CS}$ 和 $\overline{WR}$ 同时为低电平有效时，$\overline{WR}$ 的上升沿启动 A/D 转换，经过约 100 μs 后，A/D 转换结束，$\overline{INTR}$ 信号变为低电平；当 $\overline{CS}$ 和 $\overline{RD}$ 同时为低电平有效时，可以由 $D_0 \sim D_7$ 获得转换数据输出。

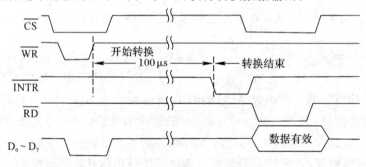

图 3.6.18　ADC0804 的转换时序图

第4章　数字电路的设计与制作

教学目标

（1）掌握数字电路的设计方法；

（2）熟练数字电路的搭建与调试方法；

（3）熟练数字电路的测试方法。

➡ **教学建议**

以讲授、自学、课堂讨论等多种方法组织教学。

4.1　四人抢答器的设计与制作

1. 任务要求

（1）设计一个四人抢答器。

（2）自己设计电路。

（3）自选元器件。

（4）自选实验仪器。

（5）自拟实验步骤。

2. 四人抢答器参考电路及工作原理

1）参考电路

四人抢答器参考电路如图 4.1.1 所示。

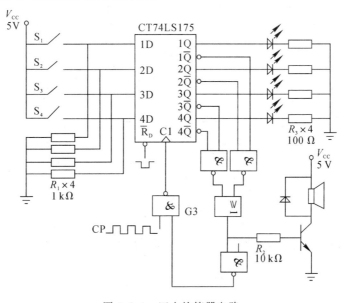

图 4.1.1　四人抢答器电路

2) 工作原理

抢答前进行清零，此时四个 D 触发器的输出 1Q~4Q 均为 0，相应的发光二极管 LED 都不亮；$1\overline{Q}$~$4\overline{Q}$ 均为 1，与非门输出为 0，将 G3 打开，时钟脉冲 CP 可以经过 G3 进入 D 触发器的 C1 端。此时，由于 S_1~S_4 均未按下，$1D$~$4D$ 均为 0，所以触发器的状态不变。

抢答开始，若 S_1 首先按下，则 $1D$ 和 $1Q$ 均变为 1，相应的发光二极管 LED 亮；$1\overline{Q}$ 变为 0，将 G3 封闭，时钟 CP 便不能经过 G3 进入 D 触发器。由于没有时钟脉冲，因此再接着按其他按钮，触发器的状态不会改变，由此起到屏蔽未抢答成功者的作用。

4.2 数字电子钟系统的设计与制作

1. 任务要求

(1) 基于 MSI 数字集成器件，设计数字电子钟。

(2) 系统要求具有校时、校分的功能。

(3) 自己设计电路。

(4) 自选元器件。

(5) 自选实验仪器。

(6) 自拟实验步骤。

2. 数字电子钟系统的设计(参考)

1) 数字电子钟系统结构框图

简易的数字电子钟系统结构一般如图 4.2.1 所示，主要包括时间基准电路、计数器电路、控制逻辑电路、译码和显示电路。

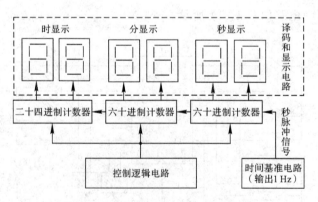

图 4.2.1　简易数字电子钟系统结构图

2) 单元电路(参考)

(1) 多谐振荡器。由 555 定时器构成的多谐振荡器电路如图 4.2.2 所示，电路的振荡频率为

$$f = \frac{1}{T_1 + T_2} = \frac{1.44}{R_1 + 2R_2}C$$

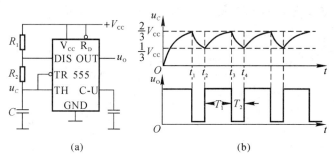

图 4.2.2 555 定时器构成的多谐振荡器及其工作波形

(a) 电路图；(b) 波形图

（2）计数电路。

① 中规模集成计数器 74LS393 简介。74LS393 是十六进制计数器，其功能如表 4.2.1 所示，管脚符号如图 4.2.3 所示。

表 4.2.1 74LS393 功能表

CP	MR（清零）	输出
↑	L	No Change
↓	L	Count
X	H	LLLL

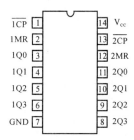

图 4.2.3 74LS393 管脚图

② 由 74LS393 实现的十进制计数器。使用 74LS393 的清零端 MR 作为反馈清零，实现的十进制计数器如图 4.2.4 所示。

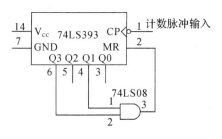

图 4.2.4 由 74LS393 实现的十进制计数器

③ 由 74LS393 实现的六十进制计数器，如图 4.2.5 所示。

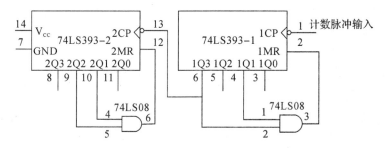

图 4.2.5 由 74LS393 实现的六十进制计数器

④ 由 74LS393 实现的二十四进制计数器，如图 4.2.6 所示。

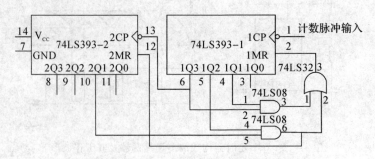

图 4.2.6　由 74LS393 实现的二十四进制计数器

（3）控制电路。

控制电路主要实现数字电子钟校时功能，图 4.2.7 为一个手动校"分"电路。当控制开关 S 在 1 位置时，电路处于正常计时状态；当控制开关 S 在 2 位置时，通过手动单次脉冲开关进行校分。校时也可以通过同样的方法实现。

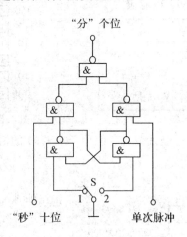

图 4.2.7　手动校"分"电路

第 5 章　Protel DXP 2004 及其应用

5.1　Protel DXP 2004

⊙ **教学目标**

（1）了解 Protel DXP 2004 的基本概念和基本功能；

（2）了解原理图与印制电路板之间的关系；

（3）掌握 Protel DXP 2004 的安装方法。

⊙ **教学建议**

以讲授、演示、练习等多种方法组织教学。

Protel 是目前国内最流行的通用 EDA 软件，它将电路原理图设计、PCB 板图设计、电路仿真和 PLD 设计等多个实用工具组合起来构成 EDA 工作平台，是第一个被设计成基于 Windows 的普及型产品。Protel DXP 2004 是澳大利亚 Altium 公司于 2002 年推出的一款电子设计自动化软件。与 Protel 99SE 软件相比，Protel DXP 2004 功能更加完备、风格更加成熟，并且界面更加灵活，尤其在仿真和 PLD 电路设计方面有了重大改进，摆脱了 Protel 前期版本基于 PCB 设计的产品定位，显露出一个普及型全线 EDA 产品崭新的面貌。Protel DXP 2004 的主要功能包括：原理图编辑、印制电路板设计、电路仿真分析、可编程逻辑器件的设计，用户使用最多的是该款软件的原理图编辑和印制电路板设计功能。

限于软件，本章所提供的连接图中各元器件名称均为正体。请读者注意。

5.1.1　原理图概述

原理图用于表示电路的工作原理，通常由以下几个部分构成。

1. 元件的图形符号及元件的相关标注

元件的图形符号及元件的相关标注如图 5.1.1 所示。

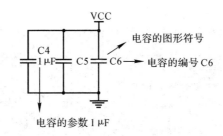

图 5.1.1　元件的图形符号及元件的相关标注

2. 连接关系

原理图中的连接关系通常用导线、网络标号、总线等表示，如图 5.1.2 所示。图中有的元件之间是用导线相连的，如电容 C1、C2、C3 之间；有的元件之间是用网络标号相连接的，具有相同名称的网络标号表示是相连的，如元件 U3 的引脚 2 网络标号是 PC0，而元件

U4 的引脚 3 网络标号也是 PC0，表示这两个引脚是相连的；当连接的导线数量很多时，可以用总线来表示连接，总线就是多根导线的汇合，如元件 U3 的引脚 2、5、6、9、12、15、16、19 和元件 U4 的引脚 3、4、7、8、13、14、17、18 相连接，是用总线来表示的。

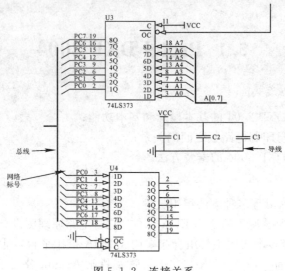

图 5.1.2 连接关系

Protel DXP 2004 提供了很多元件库，每个元件库中都包含了成百上千的图形符号，用户在进行原理图设计时，可以从 Protel DXP 2004 所提供的元件库中查找和使用所需要的图形符号。如果库中不存在用户所需要的图形符号，用户也可以自己设计图形符号。

5.1.2 印制电路板概述

1. 印制电路板的概念

印制电路板(PCB)以绝缘基板为材料，加工成一定的尺寸，在其上有一个导电图形以及导线和孔，从而实现了器件之间的电气连接。用户在使用电路板时，只需要根据原理图，将元件焊接在相应的位置即可。

印制电路板由元件封装、导线、元件孔、过孔(金属化孔)、安装孔等构成，如图 5.1.3 所示。

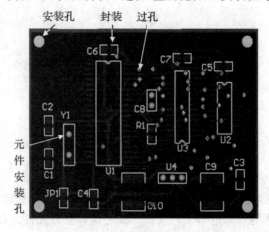

图 5.1.3 单片机最小系统电路板图

2. 元件封装的概念

元件封装指的是实际元器件焊接到电路板上时，在电路板上所显示的外形和焊点位置。如图 5.1.4 所示是电阻的插针式封装。

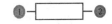

图 5.1.4　电阻的封装

元件封装只是空间的概念，大小要和实际器件匹配，引脚的排布以及引脚之间的距离和实际器件一致，这样在实际使用的时候，就能够将器件安装到电路板上对应的封装位置了。如果尺寸不匹配，则无法安装。

不同的元件可以使用同一种封装，比如电阻、电容、二极管都是具有两个引脚的元件，那么它们可以使用同一种封装，只要封装的两个焊盘间距离和实际器件匹配就可以。

同一种元件可以使用不同类型的封装，比如普通电阻，因为电阻的功率不同而导致不同功率的电阻在外形上有差异，有的电阻较大、有的电阻较小，所以电阻对应的封装也有不同的类型。如 AXIAL－0.3 对应的是焊盘间距离为 300 mil 的电阻封装，而 AXIAL－0.4 对应的是焊盘间距离为 400 mil 的电阻封装，同样有 AXIAL-0.5、AXIAL－0.6、AXIAL－0.7 等，如图 5.1.5 所示。

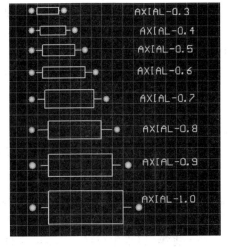

图 5.1.5　电阻所对应的不同封装

3. 原理图和电路板之间的对应关系

电路板上的导电图形和电路原理图中元件及元件之间连接关系是对应的。原理图上的每个元件在电路板上都对应一个封装，原理图中的连接关系也一一反映在电路板中的导线连接上。

原理图只是表示元件及元件之间连接关系的一种逻辑表示，而电路板是反映这种逻辑关系的实际器件。

使用 Protel DXP 2004 制作电路板的方便在于，当原理图绘制完成后，软件能够根据原理图中的逻辑关系自动生成印制电路板，自动布局和自动布线。如果用户对系统的布局和布线不满意的话，可以进行手工调整。由此可知，Protel DXP 2004 的两个主要功能是：绘制电路原理图和制作印制电路板。

原理图主要由元件的图形符号、元件之间的连接、相应的文字标注所构成。印制电路板是反映原理图连接关系的实际物理器件，主要由元件的封装、导线、过孔、安装孔等构成。

5.1.3　Protel DXP 2004 的安装

Protel DXP 2004 的安装步骤如下。

第一步：安装 Protel DXP 2004 主程序。

运行 Protel DXP 2004 完全版\Protel DXP 2004\Setup 目录中的 Setup.exe。

第二步：安装 Protel DXP 2004 补丁程序。

（1）安装 Protel DXP 2004 补丁程序 Altium Designer 2004 SP1。

(2) 安装 Protel DXP 2004 补丁程序 Altium Designer 2004 SP2。

(3) 安装 Protel DXP 2004 补丁程序 Altium Designer 2004 SP3。

① 安装 SP3 升级包 AltiumDesigner2004SP3.exe(191 M)。

② 安装 SP3 库 AltiumDesigner2004SP3_IntegratedLibraries.exe(140 M)。

(4) 安装 Protel DXP 2004 补丁程序 Altium Designer 2004 SP4

① 安装 SP4 升级包 AltiumDesigner2004SP4.exe(183 M)。

② 安装 SP4 库 AltiumDesigner2004SP4_IntegratedLibraries.exe(161 M)。

第三步：Protel DXP 2004 程序注册破解。

运行 Protel DXP 2004 完全版\SP2&SP3&SP4 破解程序目录中的 Altium DXP2004 SP2&SP3KeyGen。

(1) 运行本程序后,点击"打开模版",先导入一个 ini 文件模版(生成单机版的 License 选择 Unified Nexar - Protel License.ini),然后修改里面的参数。

① 将"TransactorName＝Your Name"中的"Your Name"替换为你想要注册的用户名,其他参数普通用户不必修改。

② 修改完成后点击"生成协议文件",任意输入一个文件名(文件后缀为.alf)保存到 C:\Program Files\Altium2004\,程序会在相应目录中生成 1 个 License 文件。

(2) 点击"替换密钥",选取 DXP.exe(E:\Program Files\Altium2004\),程序会自动替换文件中的公开密钥。

(3) 将第(1)步生成的 License 文件拷贝至 Protel DXP 2004 安装目录里(默认路径为 E:\Program Files\Altium2004\)或者在 DXP 的使用许可管理中添加生成的 License 文件,授权完成。

提示："原版验证":查看和验证 Altium 原版的 License 文件内容;

"我版效验":查看和验证由本注册机生成的 License 文件内容。

第四步：切换中文化。

运行 Protel DXP 2004 主程序,点击主菜单 DXP 下的"Preferences..."命令打开 Preferences (优先设定)对话框,在 Localization(本地化)栏下选择复选项 Use localized resources(使用经本地化的资源)。

点击"Apply"应用按钮(不然可能不起作用),接着点击"OK"按钮,关闭 Protel DXP 2004 主程序。重新启动 Protel DXP 2004 主程序即为中文化。

5.2 单管共射放大电路的原理图设计

➡ **教学目标**

(1) 掌握如何启动 Protel DXP 2004;

(2) 学会新建和保存原理图文件,掌握设计项目和文件的关系;

(3) 掌握查找和放置元器件,并设置元器件属性;

(4) 掌握使用导线连接元器件,并学会放置电源符号。

➡ **教学建议**

根据项目特点,采用案例分析、教师讲授、学员练习等形式开展教学。

5.2.1　项目要求

单管放大电路是我们最熟悉的基本电子线路之一，在许多电子电路中都能够看到它们的身影。今天我们就借助计算机及相关软件，绘制出它的原理图。本项目要求在 Protel DXP 2004 中，创建一个项目文件，命名为"项目 1.PrjPCB"，在此项目下创建一个原理图文件，命名为"单管共射放大电路.SchDoc"，对原理图文件进行简单设置：将图纸设置为A4，水平放置，标题栏为标准标题栏。完成如图 5.2.1 所示单管共射放大电路原理图的绘制。

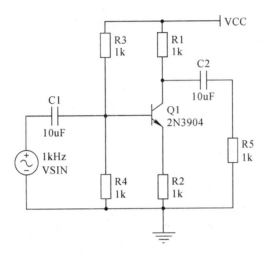

图 5.2.1　单管共射放大电路

5.2.2　任务解析

1. 原理图设计的一般流程

原理图设计是整个电路设计的基础，只有在设计好原理图的基础上才可以进行印制电路板设计等工作。一般来说，具体的原理图设计过程可以按照如图 5.2.2 所示的设计流程进行。

（1）设计图纸大小及版面。

设计绘制原理图前，必须根据实际电路的复杂程度来设置图纸的大小。设计过程中，图纸的大小可以不断地调整。设计图纸的过程实际上是建立工作平面的过程，用户可以设置的内容有大小、方向、网格大小及标题栏等。

（2）放置需要设计的元件。

放置元件阶段，应该根据实际电路的需要从

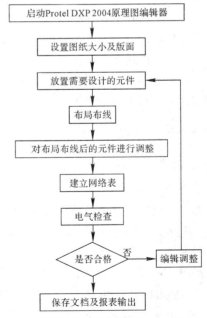

图 5.2.2　原理图设计的一般流程图

元件库中选取元件，布置到图纸的合适位置，并对元件的名称、封装进行定义和设定。根据元件之间的走线等联系对元件在工作平面上的位置进行调整和修改使得原理图美观而且易懂，为下一步的工作打好基础。

(3) 布局布线。

布局布线过程实际就是一个画图的过程。根据实际电路的需要，利用 SCH 提供的各种工具、指令进行布局布线，将工作平面上的器件用具有电气意义的导线、符号连接起来，构成一幅完整的电路原理图。

(4) 对布局布线后的元件进行调整。

元件调整阶段用户可以利用 Protel DXP 2004 所提供的各种强大功能对所绘制的原理图进行进一步的调整和修改，包括元件或导线位置的删除、移动，更改图形尺寸、属性和排列等，以保证原理图的美观和正确。

(5) 建立网络表。

完成上面的步骤以后，就可以看到一张完整的电路原理图了，但是要完成电路板的设计，还需要生成一个网络表文件。网络表是电路板和电路原理图之间的重要纽带。

(6) 电气检查。

当完成原理图布线后，需要设置【项目选项】来编译当前项目，利用 Protel DXP 2004 提供的错误检查报告修改原理图。

(7) 编译调整。

如果原理图已通过电气检查，那么原理图的设计就完成了。但是对于一般电路设计而言，尤其是较大的项目，通常需要对电路的多次修改才能够通过电气检查。

(8) 保存文档及报表输出。

Protel DXP 2004 提供了利用各种报表工具生成的报表，如网络表、元件清单等，同时可以对设计好的原理图和各种报表进行存盘和输出打印，为印刷板电路的设计做好准备。至此，原理图设计的工作就完成了。

2. 原理图设计的基本原则

(1) 以模块化和信号流向为原则摆放元件，使设计的原理图便于电路功能和原理分析。

(2) 同一模块中的元件尽量靠近，不同模块中的元件稍微远离。

(3) 不要有过多的交叉线、过远的平行连线。充分利用总线、网络标号和电路端口等电气符号，使原理图清晰明了。

5.2.3 执行步骤

1. 启动 Protel DXP 2004

启动 Protel DXP 2004 一般有三种方法：

(1) 用鼠标左键双击 Windows 桌面的快捷方式图标，进入 Protel DXP 2004。

(2) 执行"开始"→"程序"→Altium→ DXP 2004。

(3) 执行"开始"→DXP 2004。

Protel DXP 2004 启动后，系统出现启动画面，几秒钟后，系统进入程序主页面。

2. Protel DXP 2004 项目文件的管理

(1) 创建 PCB 项目文件。

Protel DXP 2004 将设计项目的概念引进来,方便了各设计文件的管理和它们之间的无缝连接和同步设计。在 Protel DXP 2004 中,一般是先创建一个项目文件,然后在该项目文件下再新建或添加各种设计文件。

执行菜单命令【文件】→【创建】→【项目】→【PCB 项目】,如图 5.2.3 所示,将在 Projects 面板中新建一个 PCB 项目文件,该文件以 PrjPCB 为扩展名,如图 5.2.4 所示。

图 5.2.3   创建 PCB 项目文件   图 5.2.4   新建的 PCB 项目

(2) 保存新的项目文件。

用鼠标右键单击新建的项目文件,在弹出的菜单中选择【另存项目为…】命令,将弹出如图 5.2.5 所示的保存项目对话框,在对话框中确定保存路径和项目文件名称,单击【保存】按钮即可保存该项目文件。

图 5.2.5   保存项目对话框

(3) 创建原理图文件。

执行菜单命令【文件】→【创建】→【原理图】,将在 Projects 面板的项目文件下新建一个原理图设计文件，进入原理图编辑状态窗口，如图5.2.6所示。

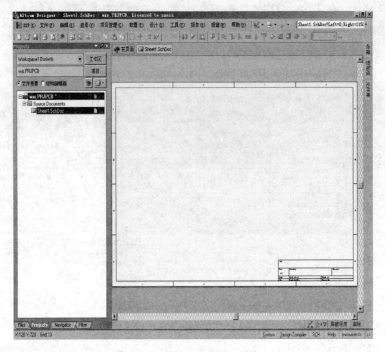

图 5.2.6　原理图编辑状态窗口

（4）保存原理图文件。

执行菜单命令【文件】→【另存为…】，或者单击工具栏中的 🖫 按钮，在弹出的对话框中确定保存路径和文件名称，单击【保存】按钮即可保存该原理图文件。

3.设置图纸

（1）设置图纸属性。

执行菜单命令【设计】→【文档选项】，显示如图5.2.7所示。

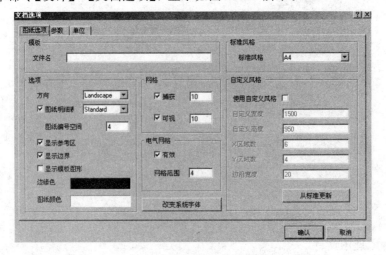

图 5.2.7　设置图纸属性对话框

（2）设置图纸尺寸。

图纸尺寸决定了图纸的大小，用户可以根据原理图的复杂程度和元件多少确定图纸大小。选择图纸属性对话框中的【标准风格】下拉列表框，选定一种图纸即可。

Protel DXP 2004 提供的标准图纸有以下几种。

① 公制：A0、A1、A2、A3、A4。

② 英制：A、B、C、D、E。

③ 其他：OrcadA、OrcadB、OrcadC、OrcadD、OrcadE、Letter、Legal、Tabloid。

（3）设定图纸方向。

Protel DXP 2004 的图纸方向有两种。选择图纸属性对话框中的【方向】下拉列表框可以设定，默认为水平横向。图纸方向有 Landscape（水平横向）和 Portrait（垂直纵向）两种。

（4）设置标题栏。

标题栏指图纸右下方的表格，用来填写文件名称、图纸序号、作者等信息。可以根据实际情况选择是否需要和需要何种标题栏。

① 设置是否显示标题栏。单击【图纸明细表】复选框，复选框中为"√"表示选中该项，则图纸右下方显示标题栏。

② 设置标题栏类型。设置显示标题栏后，还可在其右边的下拉列表框中进一步选择标题栏类型。

Protel DXP 2004 的标题栏类型有 Standard（标准模式）和 ANSI（美国国家标准协会模式）两种，默认为标准模式。

（5）设置图纸栅格。

图纸栅格指为了绘图方便，图纸按照设定的单位划分为许多小方格。使用栅格可以使绘制的图纸美观整齐，可以根据实际情况选择栅格大小。图纸栅格分为以下三种。

①【可视】：即将图纸放大后可以看到的小方格，默认值为 10 个单位。

②【捕获】：在画图时，图件移动的基本步长，默认值为 10 个单位。元件移动或画线时以 10 个单位为基本步长移动光标。

③【电气网络】：设置电气网络可以在元件放置和连线时自动搜索电气节点。如果选中该项，则在连线时会以【网络范围】栏中的设定值为半径，以光标中心为圆心，向四周搜索电气节点，并自动跳动电气节点处，以方便连线。

4. 绘制原理图

绘制原理图就是将代表实际元件的电气符号（即原理图元件）放置在原理图图纸中，并用具有电气特性的导线或网络标号将其连接起来的过程。Protel DXP 2004 为了实现对众多原理图元件的有效管理，它按照元件制造商和元件功能进行分类，将具有相同特性的原理图元件放在同一个原理图元件库中，并全部放在 Protel DXP 2004 安装文件的 Library 文件夹中。

在本次设计中，插座 J 的原理图元件位于常用接插件杂项集成库 Miscellaneous Connectors. IntLib 中，而其他的原理图元件位于常用元件杂项集成库 Miscellaneous Devices. IntLib 中，系统默认情况下，已经载入了以上两个常用元件库。

（1）将图纸放大并移动到适当位置。

① 图纸显示比例的调节。每按一次 Page Up 键，图纸的显示比例放大一次，可以连续操作，并可在元件的放置过程中操作。每按一次 Page Down 键，图纸的显示比例缩小一次，可以连续操作，并可在元件的放置过程中操作。每按一次 End 键，图纸显示刷新一次。Ctrl＋Page Down 键同时按下，可以显示图纸上的所有图件。

② 图纸位置的移动。可通过用鼠标拖动页面右面和页面下面的活动块来实现图纸位置的移动。

（2）打开库文件面板，选择所需的元件库。

例：要放置三极管，三极管的原理图元件位于常用元件杂项集成库 Miscellaneous Devices. IntLib 中，因此在库文件面板中选择 Miscellaneous Devices. IntLib 库。在库文件面板中浏览原理图元件，找到三极管的原理图元件，如图 5.2.8 所示。

图 5.2.8　放置三极管

提示：为了加快寻找的速度，可以使用关键字过滤功能，如电阻的原理图元件名称为 RES，可以在关键字过滤栏中输入 RES 或 RE＊（＊为通配符，可以表示任意多个字符，既找到所有含有字符 RE 的元件）。

常用元件的关键字有：DIO（二极管）、CAP（电容）、RES（电阻）、PNP（PNP 型三极管）、NPN（NPN 型三极管）。

（3）取出原理图元件。

找到所需元件后，双击鼠标左键或单击库文件面板中的【Place 2N3904】按钮，将光标移到图纸上，此时可以看到光标下已经带出了三极管原理图元件的虚影，如图 5.2.9 所示。

（4）设置原理图元件属性。

从原理图库中取出的原理图元件还没有输入元件编号、参数等属性，按下键盘上的 Tab 键，将弹出元件的属性对话框如图 5.2.10 所示。

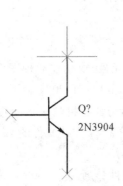

图 5.2.9　光标下带出的三极管的虚影　　　图 5.2.10　元件的属性对话框

【标识符】：元件编号，是图纸中唯一代表该元件的代号，它由字母和数字两部分组成。字母部分通常表示元件的类别，如电阻一般以 R 开头、电容以 C 开头、二极管以 D 开头、三极管以 Q 开头等。数字部分为元件依次出现的序号。元件编号后的复选框【可视】用于设置元件编号在图纸中是否显示出来。

【注释】：元件型号或参数，如电阻的阻值（以 Ω 为单位），电容的容量（以 pF 和 μF 为单位），三极管或二极管的型号等。

（5）放置原理图元件。

将元件移动到合适位置单击鼠标左键，可将元件放置到图纸中。

提示：单击鼠标左键将元件放置到图纸中后，此时仍处于同类型元件的放置状态，并且元件的编号自动增加 1，此时可以继续移动光标单击鼠标左键放置其他的三极管。

（6）元件的选取。

当要对元件进行调整时，必须先选取它们，然后才能对它们进行调整和编辑。

① 多个元件的选取。当想选中多个元件时，先将鼠标移到要选取元件的左上角，按下鼠标左键不放，此时出现十字光标，然后移动鼠标，光标下方出现矩形虚线框，继续移动鼠标，确保将所有要选取的元件包含在虚线框中，然后松开鼠标左键，此时处于虚线框中的所有元件全部处于选中装态，如果一次无法选取所有对象，可以按下 Shift 键，继续增加选取对象。

② 单个元件的选取。当只想单独选中某个元件时，可以将光标移到该元件上，单击鼠标左键即可。

注意：元件的选取实际上是为其他操作做好准备。选取元件后，就可以对其进行移动、旋转、翻转等调整，还可以进行删除、复制等编辑工作。

③ 选取状态的撤销。当选取多个元件完成调整、编辑工作后，可以点击图纸的空白处，或点击工具栏中的按钮，取消元件的选中状态。

注意：当多个元件处于选中状态时，调整、编辑过程中就可以将其当成一个元件一样来操作。

例：当移动多个元件时，只需先选取多个元件，然后将光标移到处于选中状态的任何一个元件上，按照移动单个元件的方法，按下鼠标左键不放，移动鼠标即可同时移动多个元件。

（7）原理图元件的布局调整。

一张好的原理图应该布局均匀、连线清晰、模块分明，所以在元件的放置过程中或连线过程中不可避免的要对元件的方向、位置等进行调整。

① 调整元件的方向。

空格键：按空格键一次元件逆时钟方向旋转 90°，可以连续操作。

X 键：每按一次 X 键，元件水平方向翻转一次。

Y 键：每按一次 Y 键，元件垂直方向翻转一次。

② 元件放置到图纸后的方向和位置调整。

如果元件已经放置到图纸上，要调整元件的方向和位置，先选中要调整的元件，然后再按空格键即可翻转。如果按下 X、Y 键，同样可以调整元件的方向。按住鼠标左键不放，移动鼠标，即可调整元件位置。

（8）元件的删除、复制和粘贴。

① 元件的删除。元件的删除有两种方法：一种是选取元件后，然后按键盘的 Delete 键，即可将选取的元件删除。另一种为执行菜单命令【编辑】→【删除】，将十字光标对准要删除的元件，单击鼠标左键，即可将其删除。删除该对象后，编辑器仍处于删除状态，可以继续删除其他元件，最后单击鼠标右键结束删除状态。

② 元件的复制。先选取要复制的元件，使其处于选中状态，然后按下 Ctrl＋C 键即将选取的元件复制到剪贴板中。

③ 元件的粘贴。按 Ctrl＋V 键，十字光标下出现被复制的元件，将光标移到合适位置单击鼠标左键，即可完成元件的粘贴。继续按 Ctrl＋V 键，可以继续粘贴。

（9）原理图元件的连线。

将元件放置到图纸后，就要用有电气特性的导线将孤立的元件通过管脚连接起来。此时必须用到连线工具。

① 打开原理图配线工具栏。如果原理图配线工具栏没有打开，可以执行菜单命令【查看】→【工具栏】→【配线】，将打开如图 5.2.11 所示的原理图配线工具栏。

② 连接导线。例：连接元件 C3 的 2 号引脚和 R5 的 1 号引脚之间的导线，如图 5.2.12 所示。选择原理图配线工具栏中的绘制导线工具，光标变为十字型，此时可以按下键盘上的 Tap 键，弹出如图 5.2.13 所示的属性对话框，设置导线属性。

绘制导线　绘制总线　总线分支　网络标号　接地信号　电源信号　放置元件　图纸符号　图纸入口　放置端口　忽略ERC检查指示符

图 5.2.11　原理图配线工具栏

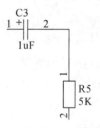

图 5.2.12　连接导线

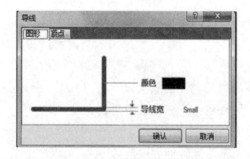

图 5.2.13　导线属性对话框

【导线宽】：有 Smallest(最小)、Small(小)、Medium(中)、Large(大)几种选项，默认为 Small。

【颜色】：在弹出的属性对话框中设置不同的颜色，设置好后，单击【确认】按钮完成设置。

移动光标接近 C3 的 2 号管脚，这时由于图纸中设置了自动搜索电气节点的功能，光标自动跳到 C3 的 2 号管脚的电气节点上，并出现小的红色 X 号，表示接触良好，此时单击鼠标左键，移动鼠标即可带出一段导线，移动鼠标到要拐角的地方再点击鼠标左键，继续移动鼠标绘制导线。光标接近 R5 的 1 脚，同样由于自动搜索电气节点的功能，光标会自动跳动 R5 的 1 脚电气节点上，此时再单击鼠标左键，将导线连到该管脚，由于导线绘制已经完成，单击鼠标右键结束当前导线的绘制。如图 5.2.14 所示在导线的绘制过程中，为了连线的方便，可以进一步调整元件的位置、方向，以及元件标号和参数的位置。导线绘制最好采取分模块、单元电路的方式从左到右、从上到下依次进行，以免漏掉某些导线。

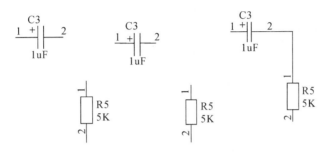

图 5.2.14　导线的绘制过程

（10）放置节点。

原理图中的节点表示相交的导线是连接在一起，如图 5.2.15 所示。对电路原理图中两条相交的导线，如果没有节点存在，则认为该两条导线在电气上是不相通的；如果存在节点，则表明二者在电气上是相互连接的。

在通常情况下，在连线的丁形交叉处以及导线与元器件管角相连时，图 5.2.15　节点系统会自动地放入节点。在导线十字交叉处，系统并不自动地为这两条相交导线添加节点，这时如果用户想让这两条导线之间存在电气连接的话，就需要用户手动添加线路节点。

放置线路节点操作步骤如下：

① 单击【放置】→【手工放置节点】菜单项，执行放置线路节点命令。此时鼠标变为十字形，同时电路节点悬浮于鼠标上，如图 5.2.16 所示。

② 移动鼠标到目标交叉点，然后单击鼠标左键即可放置节点，如图 5.2.17 所示。

③ 单击鼠标右键或按 Esc 键即可退出放置线路节点的命令状态。

图 5.2.16　选取放置节点

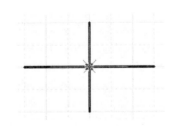

图 5.2.17　放置节点

④ 属性设置：在电路原理图上双击需要设置属性的电路节点，系统将弹出如图 5.2.18 所示的节点属性对话框。在此对话框中可以对电路节点进行属性设置。

【颜色】：单击该项右侧的色块可以进行节点颜色的选择。

【位置】：设定节点的精确位置，一般该参数由系统自动设置。

【尺寸】：设定节点的大小，下拉列表有四种选择，如图5.2.19所示。

⑤ 单击 确认 按钮，即可完成节点的属性设置。

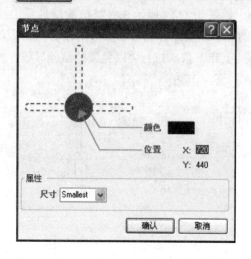

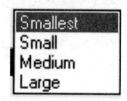

图 5.2.18 节点属性对话框　　　　　　　　图 5.2.19 尺寸选择

（11）放置电源和接地符号。

利用配线工具栏可以放置电源或接地符号。选取其中的一个符号后（如本例中选择接地符号），移动鼠标即可看到光标下带出一个接地符号，如图5.2.20所示，将其移到合适位置，单击鼠标左键即可将接地符号放置到图纸中。

在原理图配线工具栏中单击电源和接地符号按钮，按下键盘上的 Tap 键，将弹出如图5.2.21所示的电源和接地符号属性对话框。

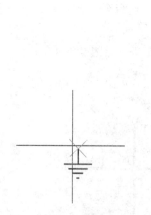

图 5.2.20 放置接地符号　　　　　　　图 5.2.21 电源和接地符号属性对话框

（12）设置电源和接地符号属性。

【网络】：一般由字母和数字组成，是指电路中的电气连接关系，具有相同网络属性的导线在电气上是连接在一起的。

【风格】：设置电源和接地符号的形状，有以下七种：

Circle(圆形)、Arrow(箭形)、Power Ground(电源地)、Bar(T 形)、Wave(波浪形)、Signal Ground(信号地)、Earth Ground(接大地)。

5. 原理图电气规则检查

电气连接检查可检查原理图中是否有电气特性不一致的情况。来检查画好的电路中是否有错误。画好电路后，通常要进行电气规则检查，目的是找出认为的疏忽。ERC 检查报告根据问题的严重性以错误或警告来提示。

1) 设置电气连接检查规则

设置电气连接检查规则，首先要打开设计的原理图文档，然后执行【项目管理】→【项目管理选项】命令，在弹出如图 5.2.22 所示的【Options for PCB Project】(项目选项)对话框中进行设置。该对话框中有【Error Reporting】(错误报告)和【Connection Matrix】(连接矩阵)标签页可以设置检查规则。

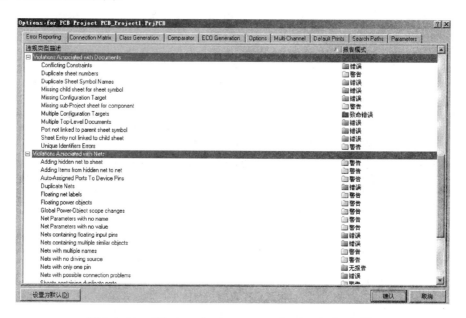

图 5.2.22　【Options for PCB Project】(项目选项)对话框

(1) 【Error Reporting】标签页。

【Error Reporting】标签页主要用于设置设计草图检查规则。

① 【违规类型描述】表示检查设计者的设计是否违反类型设置的规则。

② 【报告模式】表明违反规则的严重程度。如果要修改报告模式，单击需要修改的违反规则对应的报告模式，并从下拉列表中选择严格程度：致命错误、错误、警告、无报告。

(2) 【Connection Matrix】标签页。

【Connection Matrix】标签页如图 5.2.23 所示，它显示的是错误类型的严格性，在运行电气连接检查错误报告时产生，如引脚间的连接、元器件和图纸的输入。这个矩阵给出了一个原理图中不同类型的连接以及是否被允许的图表描述。

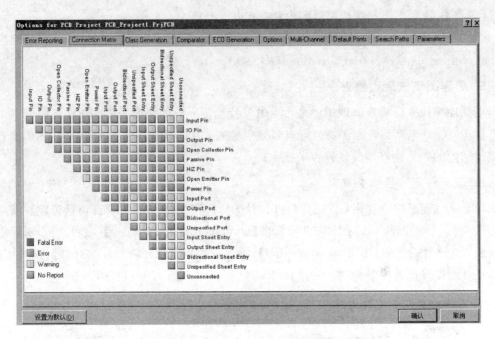

图 5.2.23 【Connection Matrix】标签页

例如：在矩阵图的右边找到 Output Pin，从这一行找到 Open Collector Pin 列。在它们的相交处是一个橙色的方块，表示在原理图中从一个 Output Pin 连接到一个 Open Collector Pin，在项目被编辑时将启动一个错误的提示。

可以用不同的错误程度来设置每一个错误类型，例如对某些非致命的错误不予以报告，修改连接错误的操作方式如下：

① 单击【Options for PCB Project】对话框中的【Connection Matrix】标签页。

② 单击两种类型连接相交处的方块，如 Output Sheet Entry 和 Open Collector Pin。

③ 在方块变为图例中错误表示的颜色（橙色）时停止单击，这就表示以后在运行检查时如果发现这样的连接将给予错误的提示。

2）检查结果报告

当设置了需要检查的电气连接以及检查规则后，就可以对原理图进行检查。Protel DXP 2004 检查原理图是通过编译项目来实现的，编译的过程中会对原理图进行电气连接和规则检查。

编译项目的操作步骤如下：

（1）打开需要编译的项目，然后选择【项目管理】→【Compile PCB Project】命令。

（2）当项目被编译时，任何已经启动的错误均显示在设计窗口的【Messages】面板中。被编译的文件与同级的文件、元器件和列出的网络以及一个能浏览的来凝结模型仪器显示在 Compiled 面板中，并且以列表方式显示。

如果电路绘制正确，【Messages】面板应该是空白的。如果报告给出错误，则需要检查电路并确认所有的导线连接是否正确，并加以修改，直至完全正确。如图 5.2.24 所示为一个项目的编译检查结果。

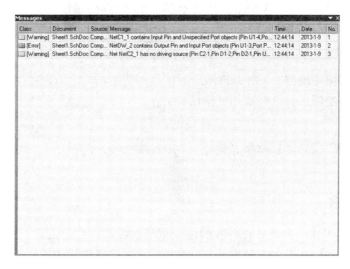

图 5.2.24　一个项目的电气规则检查结果

5.2.4　练习

（1）完成单管放大电路原理图设计。

（2）完成差动放大电路原理图设计。

新建一个项目设计文件和原理图设计文件，分别保存在 E 盘，名字分别为"差动放大电路. PrjPCB"和"差动放大电路. SchDoc"。图纸大小为：宽 1000，高 800，颜色为淡黄色，边框为蓝色，水平放置，栅格大小为 10，捕捉为 2.5，电气捕捉为 8。绘制如图 5.2.25 所示的电路图。

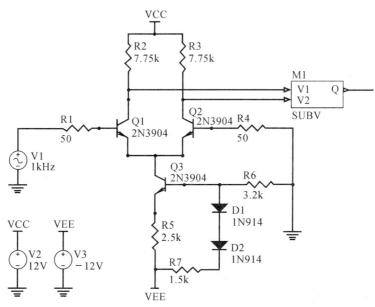

图 5.2.25　差动放大电路

5.3 正弦信号波形绘制

⊙ **教学目标**

（1）熟悉原理图编辑器，了解原理图绘制工具的使用；

（2）掌握使用绘图工具绘制常用波形图的方法。

⊙ **教学建议**

以项目为引导，信号波形绘制为载体，采用教师演示、学员练习、课堂讨论等多种方法组织教学。

5.3.1 项目要求

在电子产品的工作中需要各种各样的电子信号，常见的有正弦波、三角波以及脉冲信号，这些信号波形我们在课本中经常见到，本项目主要就完成这些波形的绘制。

启动 Protel DXP 2004 软件，新建项目文件，命名为"项目 2. PrjPCB"，在此项目下创建一个原理图文件，命名为"波形. SchDoc"并保存。对原理图页面进行简单设置：纸张 A4，水平放置，显示标准标题栏。用直线工具绘制矩形脉冲和三角波，用贝塞尔曲线绘制正弦波信号，并保存，如图 5.3.1 所示。

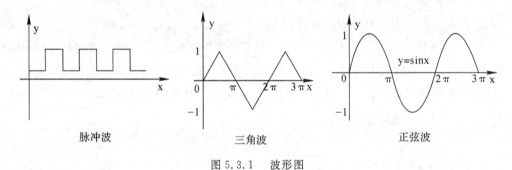

脉冲波   三角波   正弦波

图 5.3.1 波形图

5.3.2 项目解析

本项目的大体流程如下：

（1）启动 Protel DXP 2004。

（2）新建项目文件并命名保存。

（3）新建原理图文件并命名保存。

（4）用绘图工具绘制波形。

（5）文件保存。

5.3.3 执行步骤

在绘制原理图时，为方便对电路的阅读，往往需要在图的某些位置标注出波形、参数等不具有电气含义的图形符号，Protel DXP 2004 提供了这一绘图工具命令。在原理图中，利用实用工具栏中的绘图工具命令来进行这一类图形的绘制。执行【查看】→【工具栏】→

【实用工具】,实用工具栏就显示在工作窗口,用鼠标左键点击 ![icon] 按钮,就会弹出如图 5.3.2 所示的工具命令。鼠标移动到某一工具上会自动显示此工具命令的功能。

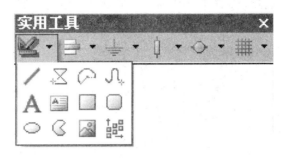

图 5.3.2　绘图工具命令

绘图工具命令的功能见表 5.3.1。

表 5.3.1　绘图工具命令的功能表

绘图工具命令	功能意义	绘图工具命令	功能意义
/	绘制直线	▭	绘制矩形
⊠	绘制多边形	▢	绘制圆角矩形
⌒	绘制椭圆弧线	◯	绘制椭圆
∿	绘制曲线	◖	绘制扇形
A	放置文字	🖼	粘贴图片
🔤	设置文本框	📊	粘贴文本阵列

1. 绘制直线

实用工具框中的直线在功能上完全不同于元件间的导线。导线具有电气意义,通常用来表现元件间的物理连通性,而直线并不具备任何电气意义。

绘制直线的基本步骤如下:

(1)用鼠标左键单击实用工具栏中绘图工具命令 / 按钮,也可以执行菜单命令【放置】→【描画工具】→【直线】,光标变为十字形。移动鼠标到合适的位置,单击鼠标左键,对直线的起始点加以确认。

(2)移动鼠标拖拽直线线头,若绘制多段折线,则在每个转折点单击鼠标左键加以确认。

(3)重复以上操作,直到折现的终点,单击鼠标左键确认折现的终点,之后单击鼠标右键完成此折现的绘制。

此时系统仍处于"绘制直线"的命令状态,光标呈十字状,可以接着绘制下一条直线,也可以单击鼠标右键或按 Esc 键退出。

如果在绘制直线的过程中按 Tab 键,或在已绘制好的直线上双击鼠标左键,即可打开如图 5.3.3 所示的【折线】对话框,从中可以设置该直线的一些属性,包括:【线宽】有 Smallest、Small、Medium 、Large 四种,【线风格】有 Solid(实线)、Dashed(虚线)和 Dotted

（点线）三种，【颜色】。

单击已绘制好的直线，可使其进入选中状态，此时直线的两端会各自出现一个正方形的小方块，即所谓的控制点，如图 5.3.4 所示。可以通过拖动控制点来调整直线的起点与终点位置。另外，还可以直接拖动直线本身来改变其位置。

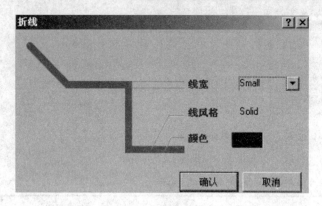

图 5.3.3　【折线】对话框　　　　　　图 5.3.4　直线调整控制点

Protel DXP 2004 为设计者提供了三种直线模式：90°走线、45°走线和任意走线。在画直线过程中，按 Shift＋Space 键，可以在三种模式间循环切换。

2. 绘制多边形

多边形绘制是利用鼠标指针依次定义出图形的各个边脚所形成的封闭区域。绘图步骤如下：

（1）用鼠标左键单击实用工具栏中绘图工具命令 ▨ 按钮，也可以执行菜单命令【放置】→【描画工具】→【多边形】。

（2）执行此命令后，光标变为十字形。首先在待绘制图形的一个角单击鼠标左键，然后移动鼠标到第二个角单击鼠标左键形成一条直线，然后再移动鼠标，这时会出现一个随鼠标指针移动的预拉封闭区域。现在依次移动鼠标到待绘制图形的其他角单击鼠标左键。如果单击鼠标右键就会结束当前多边形的绘制，开始进入下一个绘制多边形的过程。如果要将编辑模式切换回到待命模式，可单击鼠标右键或按 Esc 键。绘制的多边形如图 5.3.5 所示。

如果在绘制多边形的过程中按 Tab 键，或在已绘制好的多边形上双击鼠标左键，即可打开如图 5.3.6 所示的【多边形】对话框，从中可以设置该多边形的一些属性，包括：【边缘宽】、【边缘色】、【填充色】、【画实心】、【透明】等。

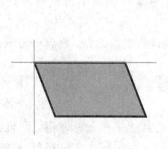

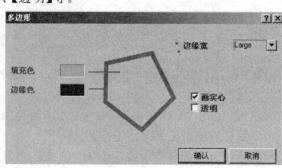

图 5.3.5　多边形　　　　　　　　　　图 5.3.6　【多边形】对话框

如果用鼠标左键单击已绘制好的多边形，可使其进入选中状态，此时多边形的各个角都会出现控制点，可以通过拖动这些控制点来调整该多边形的形状，此外，也可直接拖动多边形本身来调整其位置。

3. 绘制圆弧

绘制圆弧的基本步骤如下：

(1) 执行菜单命令【放置】→【描画工具】→【圆弧】，这时光标变为十字形，并拖带一个虚线弧，如图 5.3.7 所示。

(2) 在待绘制的圆弧中心处单击鼠标左键，然后移动鼠标会出现预拉圆弧。接着调整好圆弧半径，然后单击鼠标左键，指针会自动移动到圆弧缺口的一端，调整好其位置后单击鼠标左键，指针会自动移动到圆弧缺口的另一端，调整好其位置后单击鼠标左键，就完成了该圆弧线的绘制，绘制好的圆弧如图 5.3.8 所示。这时会自动进入下一个圆弧的绘制过程，下一次圆弧的默认半径为刚才绘制的圆弧的半径，开口也一致。

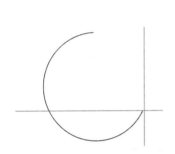

图 5.3.7　开始绘制圆弧

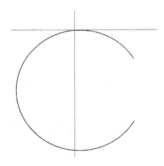

图 5.3.8　绘制好的圆弧

结束绘制圆弧操作后，如果单击鼠标右键或按 Esc 键，即可将编辑模式切换回等待命令模式。

在绘制圆弧线的过程中按 Tab 键，或双击已绘制好的圆弧线，即可打开圆弧属性对话框，如图 5.3.9 所示。

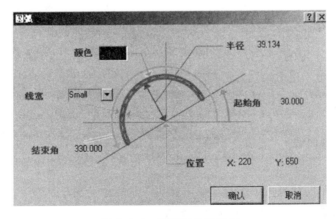

图 5.3.9　圆弧属性对话框

如果用鼠标左键单击已绘制好的圆弧线，可使其进入选中状态，此时其半径及缺口端点会出现控制点，可以通过拖动这些控制点来调整圆弧线的形状，此外，也可直接拖动圆弧线本身来调整其位置。

4. 绘制椭圆弧

绘制椭圆弧的基本步骤如下：

（1）用鼠标左键单击实用工具栏中绘图工具命令 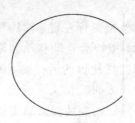 按钮，也可以执行菜单命令【放置】→【描画工具】→【椭圆弧】，椭圆弧的绘制方法与绘制圆弧的方法基本一致，绘制好的椭圆弧如图 5.3.10 所示。

图 5.3.10　绘制椭圆弧

（2）在绘制椭圆弧的过程中按 Tab 键，或双击已绘制好的椭圆弧，即可打开椭圆弧属性对话框，如图 5.3.11 所示。椭圆弧属性对话框与圆弧属性对话框内容基本一致，只不过圆弧属性对话框中控制半径的参数只有【半径】一项，而椭圆弧属性对话框有 X、Y 半径两种。椭圆弧其他属性有中心点的 X 轴、Y 轴坐标，线宽，缺口起始角度，缺口结束角度，线条颜色。

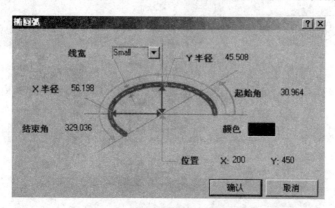

图 5.3.11　椭圆弧属性对话框

如果用鼠标左键单击已绘制好的椭圆弧，可使其进入选中状态，此时其半径及缺口端点会出现控制点，可以通过拖动这些控制点来调整椭圆弧的形状，此外，也可直接拖动椭圆弧本身来调整其位置。

5. 绘制贝塞尔曲线

绘制贝塞尔曲线的基本步骤如下：

（1）绘制贝塞尔曲线可用鼠标左键单击实用工具栏中绘图工具命令 按钮，也可执行菜单命令【放置】→【描画工具】→【贝塞尔曲线】。

（2）执行此命令后，光标变为十字形。此时可以在图样上绘制曲线，当确定第一点后，系统会要求确定第二点，确定的点数大于 2，就可以生成曲线，当只有两个点时，就生成了一直线。确定了第二点后，可以继续确定第三点，一直可以延续下去，直到设计者单击鼠标右键结束。绘制好的贝塞尔曲线如图 5.3.12 所示。

如果选中贝塞尔曲线,则会显示绘制曲线时生成的控制点,如图 5.3.13 所示,这些控制点就是绘制曲线过程中确定的点,可以将鼠标移到控制点,然后单击鼠标左键拖动鼠标改变曲线形状。

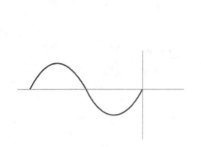

图 5.3.12 绘制贝塞尔曲线   图 5.3.13 贝塞尔曲线控制点

(3) 如果要编辑曲线的属性,则可以使用鼠标双击曲线,或选中曲线后单击鼠标右键,从快捷选单中选取【属性】命令,就可以进入【贝塞尔曲线】对话框,如图 5.3.14 所示。其中【曲线宽度】下拉列表用来选择曲线的宽度,【颜色】编辑框用来设置曲线的颜色。

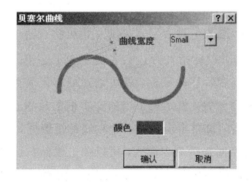

图 5.3.14 【贝塞尔曲线】对话框

6. 放置注释文字

放置注释文字的基本步骤如下:

(1) 单击实用工具栏中绘图工具命令 **A** 按钮,也可执行菜单命令【放置】→【文本字符串】。

(2) 执行此命令后,此时鼠标指针旁边会多出一个十字和一个字符串虚线框,如图 5.3.15所示。

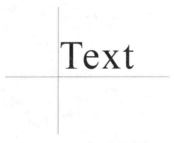

图 5.3.15 放置注释文字

（3）在完成放置动作之前按 Tab 键，或直接在放置后的 Text 文字串上双击鼠标左键，即可打开【注释】对话框，如图5.3.16所示。

在【注释】对话框中最重要的属性是文本栏，它是显示在绘图页中的注释文字串（只能是一行），可以根据需要修改，此外还有其他几项属性：注释文字的坐标，文字串的放置角度，文字串的颜色，文字串字体。如果想修改注释文字的字体，则可以单击【变更…】按钮，系统将弹出一个字体设置对话框，此时可以设置字体的属性。

如果要将编辑模式切换回等待命令模式，可单击鼠标右键或按下 Esc 键。

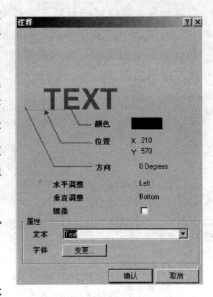

图 5.3.16　【注释】对话框

7. 放置文本框

放置注释文字仅限于一行的范围，如果需要放置多行的注释文字，就必须使用文本框。放置文本框的基本步骤如下：

（1）单击实用工具栏中绘图工具命令 **A** 按钮，也可执行菜单命令【放置】→【文本框】。

（2）执行此命令后，此时鼠标指针旁边会多出一个十字符号，在需要放置的文本框的一个边角处单击鼠标左键，然后移动鼠标，就可以在屏幕上看到一个虚线的预拉框，用鼠标左键单击该预拉框的对角位置，就结束了当前文本框的放置过程，并自动进入下一个放置过程。放置了文本框后当前屏幕上应该有一个白底的矩形框，如图 5.3.17 所示。

如果要将编辑状态切换回等待命令模式，可以单击鼠标右键或按 Esc 键。

（3）在放置文本框的过程中按 Tab 键，或在已放置的文本框上双击鼠标左键，就会打开【文本框】对话框，如图 5.3.18 所示。

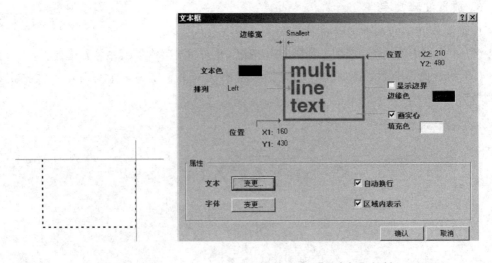

　　图 5.3.17　待编辑的文本框　　　　　图 5.3.18　【文本框】对话框

在【文本框】对话框中最重要的属性是文本栏，它是显示在绘图页中的注释文字串，但在此处并不局限于一行。单击文本栏右边的【变更…】按钮，可以打开文本框的属性对话框，如图 5.3.19 所示，在此可以编辑显示的字符串。

图 5.3.19　【TextFrame Text】窗口

另外文本框还有一些其他的选项，如：文本框左下角坐标，文本框右下角坐标，边框宽度，边框颜色，填充颜色，文本颜色，字体，设置为实心，设置是否显示文本边框，设置文本框内文字对齐的方向，设置字回绕，当文字长度超出文本框宽度时自动截去超出部分。

如果用鼠标左键单击文本框，可使其进入选中状态，同时出现一个环绕整个文本框的虚线框，此时可直接拖动文本框本身来调整其位置。

8. 绘制矩形与圆边矩形

矩形和圆边矩形的绘制方法基本相同，属性编辑也类似。

（1）绘制矩形可单击实用工具栏中绘图工具命令 ▫ 按钮，也可执行菜单命令【放置】→【描画工具】→【矩形】。

若绘制圆边矩形可单击实用工具栏中绘图工具命令 ▫ 按钮，也可执行菜单命令【放置】→【描画工具】→【圆边矩形】。

（2）执行此命令后，此时鼠标指针变为十字状，并拖带一个矩形虚框，将鼠标移到要放置矩形的一个角上单击鼠标左键，然后移动鼠标到矩形的对角，再单击鼠标左键，即可完成当前矩形的绘制过程，并自动进入下一个矩形的绘制。

如果要将编辑状态切换回等待命令模式，可以单击鼠标右键或按 Esc 键。绘制的矩形和圆边矩形如图 5.3.20 所示。

图 5.3.20　绘制的矩形和圆边矩形

（3）在绘制矩形的过程中按 Tab 键，或直接双击已绘制好的矩形，就会打开【矩形】对话框，如图 5.3.21 所示。若绘制圆边矩形，就会打开【圆边矩形】对话框，如图 5.3.22 所示。

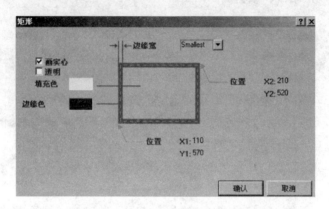

图 5.3.21　【矩形】对话框

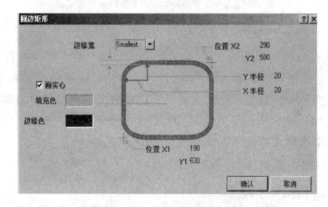

图 5.3.22　【圆边矩形】对话框

矩形与圆边矩形共有的属性包括：矩形左下角坐标，矩形右下角坐标，边框宽度，边框颜色，填充颜色，设置为实心。除此之外，圆边矩形比矩形多两个属性：圆边矩形四个椭圆角的 X 轴和 Y 轴半径。

如果用鼠标左键单击已绘制好的矩形，可使其进入选中状态，在此状态下可以通过移动矩形本身来调整其放置位置。在选中状态下，矩形的四个角和各边的中点都会出现控制点，可以通过拖动这些控制点来调整该矩形的形状。对于圆边矩形来说，除了上述控制点之外，在它的四个角内侧还会出现一个控制点，用来调整圆角的半径，如图5.3.23所示。

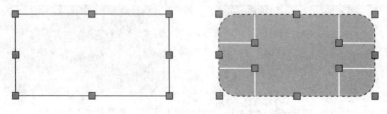

图 5.3.23　矩形和圆边矩形的控制点

9．绘制圆与椭圆

（1）绘制圆和椭圆可单击实用工具栏中绘图工具命令 ⬭ 按钮，也可执行菜单命令【放置】→【描画工具】→【椭圆】。由于圆就是 X 轴和 Y 轴半径相等的椭圆，所示利用绘制椭圆的工具也可以绘制出标准的圆。

（2）执行绘制椭圆命令后，鼠标指针变为十字状，并拖带一个虚线椭圆。首先在待绘制图形的中心点处单击鼠标左键，然后移动鼠标会出现预拉椭圆形线，分别在适当的 X 轴半径与 Y 轴半径处单击鼠标左键，即完成椭圆的绘制，同时自动进入下一个绘制过程。如果设置的 X 轴与 Y 轴的半径相等，则可以绘制圆。绘制的图形如图 5.3.24 所示。此时如果要将编辑状态切换回等待命令模式，可以单击鼠标右键或按 Esc 键。

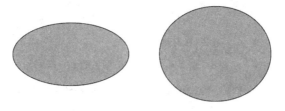

图 5.3.24　绘制的椭圆和圆

（3）在绘制椭圆的过程中按 Tab 键，或直接双击已绘制好的椭圆，就会打开，如图 5.3.25所示的【椭圆】对话框。可以在【椭圆】对话框中设置椭圆的属性，如椭圆的中心点坐标，椭圆的 X 轴和 Y 轴半径，边框宽度，边框颜色，填充颜色，设置为实心。如果想将一个椭圆变为标准圆，可以修改 X 半径和 Y 半径编辑框中的数值，使之相等即可。

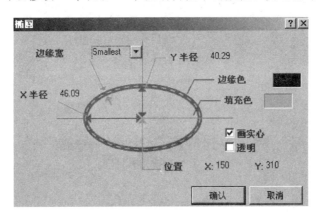

图 5.3.25　【椭圆】对话框

10．绘制扇形图（饼图）

扇形图就是有缺口的圆形。绘制扇形图的操作步骤如下：

（1）单击实用工具栏中绘图工具命令 ◒ 按钮，也可执行菜单命令【放置】→【描画工具】→【饼图】。

（2）执行绘制扇形命令后，鼠标指针变为大十字状，并拖带一个扇形。首先在待绘制图形的中心点处单击鼠标左键，然后移动鼠标会出现扇形图预拉线，调整好扇形图半径后单击鼠标左键，鼠标指针会自动移动到扇形缺口的一端，调整好其位置后单击鼠标左键，鼠标指针接着会自动移动到扇形缺口的另一端，调整好其位置后再单击鼠标左键，即完成该扇形的绘制，同时自动进入下一个扇形图的绘制过程。此时如果单击鼠标右键或按 Esc 键，可将编辑状态切换回等待命令模式。绘制扇形图的过程如图 5.3.26 所示。

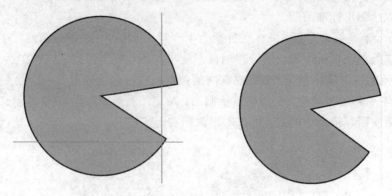

图 5.3.26　绘制扇形图的过程

（3）在绘制扇形的过程中按 Tab 键，或直接双击已绘制好的扇形，即可打开，如图 5.3.27 所示的【饼图】对话框。可以在【饼图】对话框中设置扇形的属性，如中心点的 X 轴和 Y 轴坐标，边框宽度，缺口起始角度，缺口结束角度，边框颜色，填充颜色，设置为实心。

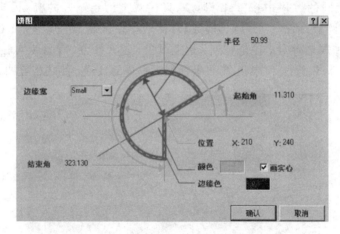

图 5.3.27　【饼图】对话框

5.3.4　练习

用实用工具绘制如图 5.3.28 所示的常用电子信号波形。

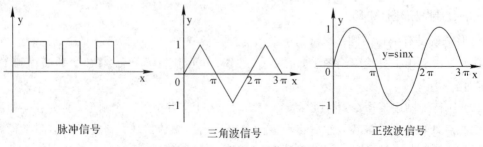

脉冲信号　　　　　　　　三角波信号　　　　　　　　正弦波信号

图 5.3.28　常用电子信号波形

5.4　模数转换电路的绘制

➡ **教学目标**

（1）掌握导线的使用及导线属性的设置；

（2）掌握总线的使用及总线属性的设置；

（3）掌握总线分支的使用及其属性的设置；

（4）掌握网络标号的含义及其使用；

（5）掌握接地符号和电源符号的使用及属性的设置；

（6）理解和掌握放置元件按钮的作用。

➡ **教学建议**

根据项目特点，采用教师演示、学员练习、课堂讨论等多种方法组织教学。

5.4.1　项目要求

图 5.4.1 是一个用来实现模拟信号到数字信号转换的电路，要求使用 Protel DXP 2004 绘制完成。

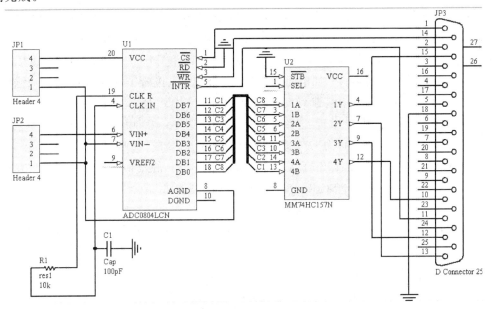

图 5.4.1　模数转换电路

5.4.2　项目解析

配线工具栏是 Protel DXP 2004 绘图过程中使用非常多的工具栏，工具栏上的各项命令和菜单【放置】中的各项命令是相对应的。如放置网络标号，既可以通过配线工具栏上的按钮执行，也可以通过菜单【放置】→【网络标签】执行。

在执行工具按钮的过程中，当鼠标处于悬浮状态时，按下 Tab 键，可以打开该工具按钮所对应的属性设置对话框，可以在其中对对象进行属性设置。

5.4.3 执行步骤

1. 新建项目和文件

（1）新建一个项目文件，命名为"模数转换电路.PrjPCB"，并保存。

（2）新建原理图文件，命名为"模数转换电路.SchDoc"，并保存。

2. 原理图图纸参数设置

要求图纸大小为 A4，水平放置，图纸颜色为白色，边框色为黑色，栅格大小为 10，捕捉大小为 5，电气栅格捕捉的有效范围为 5，系统字体为宋体 12 号黑色。

3. 元件库的加载

在 Protel DXP 2004 软件被安装到计算机中的同时，它所附带的元件库也被安装到计算机的磁盘中了。在软件的安装目录下，有一个名为 Library 的文件夹，其中专门存放了这些元件库。这些元件库是按照生产元件的厂家来分类的，比如 Wesern Digital 文件夹中包含了西部数据公司所生产的一些元件；而 Toshiba 文件夹中则包含了东芝公司所生产的元件。

在绘图过程中，用户需要把自己常使用器件所在的库加载进来。由于加载进来的每个元件库都要占用系统资源，影响应用程序的执行效率，所以在加载元件库时，最好的做法是只装载那些必要而且常用的元件库，其他一些不常用的元件库仅当需要时再加载。日常使用最多的元件库是 Miscellaneous Connectors.IntLib 和 Miscellaneous Devices.IntLib，后者中包含了一些常用的器件，如电阻、电容、二极管、三极管、电感、开关等；而前者包含了一些常用的接插件，如插座等。

本例中所需要的器件有 4 针接头 Header 4、电阻 Res1、电容 Cap、A/D 转换芯片 ADC0804LCN、芯片 MM74HC157N 连接器 D Connector 25。这些器件主要包含在如下元件库中：Miscellaneous Devices.IntLib 和 Miscellaneous Connectors.IntLib，NSC Converter Analog to Digital.IntLib、NSC Logic Multiplexer.IntLib 中。在系统默认的情况下，Miscellaneous Devices.IntLib 和 Miscellaneous Connectors.IntLib 已经加载进来。下面只需要加载元件库 NSC Converter Analog to Digital.IntLib 和 NSC Logic Multiplexer.IntLib 即可。

元件库的加载步骤如下：

（1）单击窗口右侧的【元件库】标签，打开【元件库】面板。

（2）单击上方的【元件库…】按钮，弹出【可用元件库】对话框，其中列出的就是当前项目已经安装可供使用的元件库。

（3）单击【可用元件库】对话框下侧的【安装…】按钮，在【打开】对话框中，找到 NSC Converter Analog to Digital.IntLib，单击选中，单击【打开】按钮。元件库 NSC Converter Analog to Digital.IntLib 即被加载进来可供使用了。同样的方法可添加 NSC Logic Multiplexer.IntLib。

（4）单击【关闭】按钮，关闭掉【可用元件库】对话框。

加载后的元件库面板如图 5.4.2 所示。

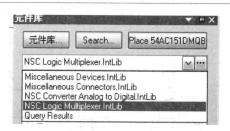

图 5.4.2　加载后的元件库面板

4. 放置元件

如果已经将元件所在的库加载进来，此时查找放置元件可以通过配线工具栏上的【放置元件】按钮 ⊸ 执行。单击该按钮后，将弹出如图 5.4.3 所示的对话框。

图 5.4.3　【放置元件】对话框

在【放置元件】对话框的【库参考】后输入所要放置的元件的名称 Header 4，在【标识符】后输入元件的序号 JP1，在【注释】后输入元件所显示的注释"Header 4"，在【封装】后选择该元件所对应的封装。

一般情况下，当用户在【库参考】后输入元件的名称后，系统会提供和该元件相对应的标识符、注释和封装。用户也可以根据需要做适当修改。

单击【确定】按钮后，系统就会从加载进来的库中查找到元件 Header 4，如图 5.4.4 所示。在图纸上合适的位置单击，即可将元件放置。继续单击可以连续放置，同时会发现元件的序号递增。如第一次设置的元件序号为 JP1，第二次放置元件编号为 JP2，……。

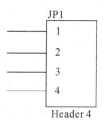

图 5.4.4　元件 Header 4

【放置元件】按钮的功能等同于菜单【放置】→【元件…】。在放置元件的过程中，可以根据需要按 X 键实现左右翻转，按 Y 键实现上下翻转。

按照以上方法查找放置好所有器件，调整布局并设置属性，如图 5.4.5 所示。

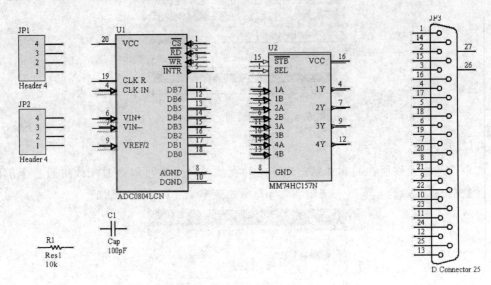

图 5.4.5　布局完成的电路图

5. 绘制导线

总线是一组功能相同的导线集合，用一条粗线来表示几条并行的导线，从而能够简化电路原理图。导线与总线的连接是通过总线分支来实现的。

总线、总线分支和导线的关系如图 5.4.6 所示。导线 A0～A12 通过 12 条总线分支汇合成一根总线。

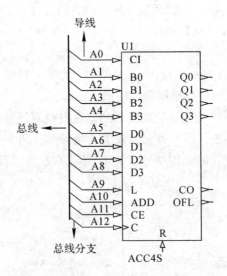

图 5.4.6　导线、总线和总线分支的关系

1）总线的绘制

单击配线工具栏上的工具按钮![ ]，进入放置总线状态，将光标移动到图纸上需要绘制总线的起始位置，单击鼠标左键确定总线的起始点，将鼠标移动到另一个位置，单击鼠标左键，

确定总线的下一点。当总线画完后，单击鼠标右键或者按下 Esc 键即可退出放置总线状态。

绘制总线也可以通过菜单【放置】→【总线】进行。在画线状态时，按 Tab 键，即会弹出总线属性对话框，在该对话框中可以修改总线的宽度和颜色。

2）总线分支的绘制

总线分支是 45°或 135°倾斜的短线段，长度是固定的。在绘制过程中可以按空格键在 45°和 135°之间进行切换。单击配线工具栏上的按钮 ↖ ，进入放置总线分支的状态，将鼠标移动到总线和导线之间，单击鼠标左键就可以放置了。

绘制总线分支也可以通过菜单【放置】→【总线分支】来执行。在画线状态时，按 Tab 键，系统会弹出【总线分支】对话框，可以在该对话框中设置总线分支的颜色、位置和宽度。

按照以上绘制方法完成元件 U1 和 U2 之间总线和总线分支的绘制。完成后效果如图 5.4.7 所示。

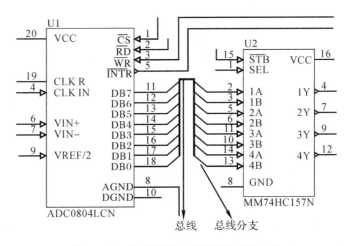

图 5.4.7　完成总线和总线分支后的效果

6. 网络标号的使用

如果一个电路图很复杂，器件之间的连线非常多，则电路会显得凌乱，在这种情况下，可以通过网络标号来简化电路图。在两个或多个互相连接的出入口处放置相同名字的网络标号即可表示这些地方是连接在一起的，如图 5.4.8 所示。

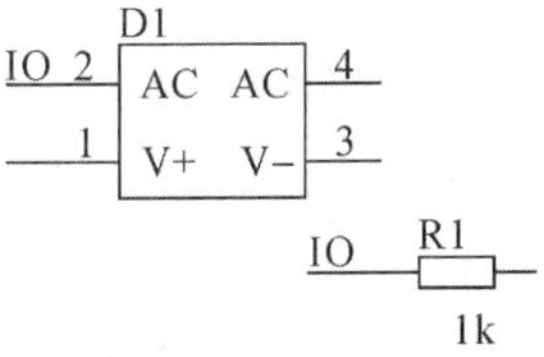

D1 的端口 2 的网络标号为 IO，R1 的左侧端口网络

图 5.4.8　网络标号的作用

也为 IO，虽然两个端口并没有导线相连接，但是因为网络标号相同，所以两个端口实际上相连接的。

放置网络标号可以通过配线工具栏上的 Net 按钮进行，单击该按钮后，将进入放置网络标号状态，光标处将出现一个虚框，将虚框移动到需要放置网络标号的位置，单击鼠标左键可以放置网络标号，将光标移到其他位置可以继续放置，单击鼠标右键或者按 Esc 键可以退出放置状态。

在网络标号的放置过程中,如果按下 Tab 键,将弹出网络标号属性对话框,可以在其中改变网络标号的内容和字体格式。设置网络标号内容后,如果最后是数字,则在继续放置的过程中将自动递增,比如开始设置网络标号为"A0",则第 2 个网络标号自动为"A1",第 3 个自动为"A2"……。

本例中共有 C1、C2、C3、…、C8 等网络标号。按照上述步骤在原理图中添加网络标号,结果如图 5.4.9 所示。最后放置接地符号和电源符号,进行电气规则检查。

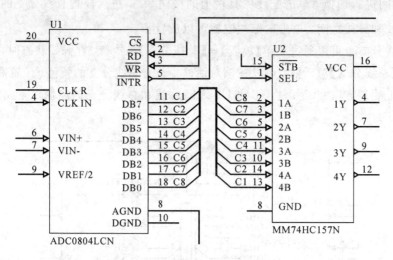

图 5.4.9 放置完网络标号的效果图

5.4.4 练习

(1)完成模数转换电路的绘制。

(2)在 E 盘下新建一个名为"存储器电路.SchDoc"的原理图电路,并在其中绘制如图 5.4.10 所示的存储器电路图。

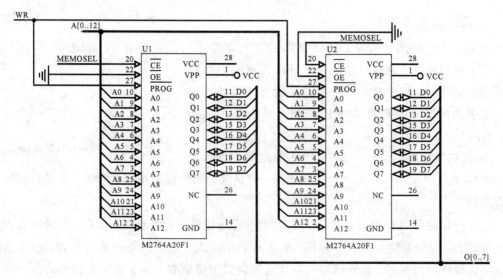

图 5.4.10 存储器电路图

5.5　制作原理图元件及元件库

📍 教学目标

（1）熟悉原理图库文件编辑器的环境；

（2）掌握创建库文件和元件的方法；

（3）掌握创建各种原理图符号的方法。

📍 教学建议

根据项目特点，采用教师演示、学员练习、课堂讨论等多种方法组织教学。

Protel DXP 2004 为用户提供了非常丰富的元器件库，其中包含了世界著名的大公司生产的各种常用的元器件六万多种。

但是在电子技术日新月异的今天，每天都会诞生新的元器件，所以用户在绘制原理图的过程中，会经常遇到器件查找不到的情况或是库中的器件和需要的元件外观不一样。那该怎么办呢？

当需要使用系统没有提供的元器件时，用户可以自己绘制完成。Protel DXP 2004 提供了强大的元件编辑功能，用户可以根据自己的要求修改系统提供的元件，也可以创建一个新的元器件。

下面通过实例介绍如何创建元件库，以及如何在库中创建元件。

5.5.1　项目要求

要求创建一个元件库文件"74XX. SCHLIB"，按照如下要求在其中创建元件：

创建一个 3−8 译码器元件 74LS138，该元件共包含 16 个引脚，各引脚 I/O 属性为：1、2、3、4、5、6 引脚是输入引脚；7、9、10、11、12、13、14、15 是输出引脚；8 和 16 是电源引脚，属性为隐藏，如图 5.5.1 所示。

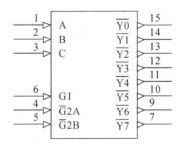

图 5.5.1　74LS138 的引脚图

5.5.2　项目解析

设计一个新元件的主要步骤如下：

（1）新建原理图库文件，并保存。

（2）新建库元件。

提示：一个库文件中可以包含多个库元件。也可以在已经存在的库中新建元件。

（3）在第四象限的原点附近绘制元件外形。

提示：如果不在第四象限原点处绘制元件，在使用元件的时候，将出现参考点离元件很远的情况。

（4）放置元件引脚并设置引脚属性。

（5）设置元件属性（名称、编号、封装等）。

（6）保存元件。

5.5.3 执行步骤

1. 新建库文件

执行【文件】→【创建】→【库】→【原理图库】，创建一个原理图库文件，保存为"74XX.SCHLIB"，如图 5.5.2 所示。

双击库文件名"74XX. SCHLIB"，打开库文件。此时窗口的右边就是库文件的编辑界面。

工作窗口上浮动着一个名为【SCH Library】的工作面板，该面板主要是对原理图元件库中的元件进行管理，如图 5.5.3 所示。

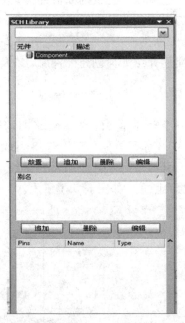

图 5.5.2 新建库文件   图 5.5.3 【SCH Library】工作面板

2. 创建元件

执行【工具】→【新元件】，将弹出一个【New Component Name】对话框，在其中输入要创建的元件名字"74LS138"，如图 5.5.4 所示。创建元件命令的执行也可以通过单击【SCH Library】工作面板上的【追加】按钮执行。

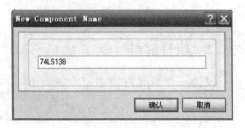

图 5.5.4 【New Component Name】对话框

3．矩形框的绘制

下面在图纸上绘制 74LS138 的矩形框。

（1）单击实用工具栏上的【放置矩形】按钮，如图 5.5.5 所示。移动鼠标到图纸的参考点上，在第四象限的原点处单击鼠标确定矩形的左上角点。然后拖动光标画出一个矩形，再次单击确定矩形的右下角点，如图 5.5.6 所示。

图 5.5.5　绘图工具栏上的矩形按钮

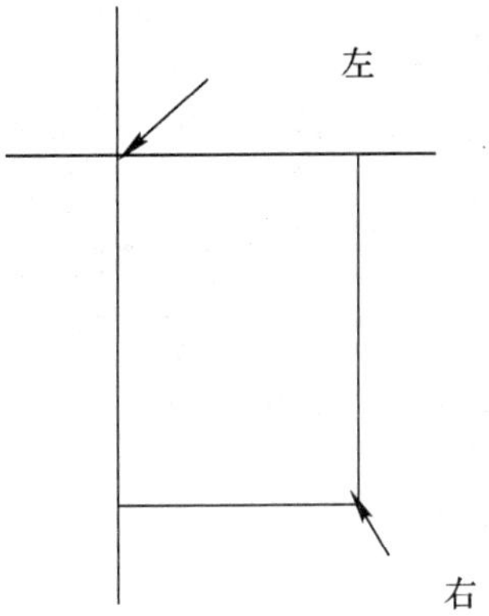

图 5.5.6　矩形框

（2）双击矩形框，可以打开它的属性对话框，可以在其中修改矩形框的【边缘色】和【边框宽】，还可以改变矩形框的【填充色】，是否【透明】。矩形框的大小可以通过左下角点和右上角点的坐标来精确修改。

4．引脚的放置

单击使用工具栏上的【放置引脚】工具按钮，如图 5.5.7 所示。

此时光标会变成十字形，并且伴随着一个引脚的浮动虚影，移动光标到目标位置，单击就可以将该引脚放置到图纸上。需要注意的是，在放置引脚时，有米字形电气捕捉标志的一端应该是朝外的。在放置过程中可以按空格键旋转引脚。按照图 5.5.8 放置好 74LS138 的所有（16 个）引脚。

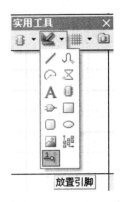

图 5.5.7　"放置引脚"按钮

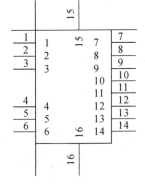

图 5.5.8　放置好引脚的 74LS138

5．引脚属性的修改

下面我们以图 5.5.8 中的 1 引脚、7 引脚、16 引脚为例，介绍引脚属性的设置。

（1）将鼠标对准 1 引脚双击，可以打开该引脚所对应的引脚属性对话框。将名称改为 A，标志符设置为 1，将电气类型设置为"input"，然后单击【确定】即可。

（2）将鼠标对准 7 引脚双击，打开引脚的属性对话框，将名称改为"Y\7\"，将标志符设置为 7，将电气类型设置为"output"，然后单击【确定】即可。

（3）将鼠标对准 16 引脚双击，打开引脚属性对话框，将名称设置为 VCC，标志符设置为 16，电气类型设置为"power"。单击选中【隐藏】后的复选框，将将该引脚设置为隐藏，隐藏的引脚将变得不可见。

按照以上方法，将所有引脚属性设置完毕，如图 5.5.9 所示。

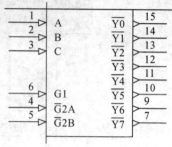

当引脚处于放置的悬浮状态时，按下 Tab 键，将打开它的属性对话框，可以在其中对它的属性进行修改。当需要连续放置多个编号连续的引脚时，这种方法比较快捷。因为它的编号会自动增 1，而其他属性不变。

图 5.5.9　设置好引脚属性的 74LS138

6. 74LS138 元件属性的设置

单击【SCH Library】工作面板上的【编辑】按钮，将打开元件属性设置对话框。在该对话框中，将【Default】（元件的默认编号）设置为"U？"，将【注释】设置为"74LS138"。对话框下方的【库参考】、【描述】、【类型】、【模式】等设置采用默认形式即可，见图 5.5.10，然后单击【确定】完成设置。

提示：在设计一个元件的过程中，要特别注意每个引脚的属性。尤其是电气特性等属性一定要和元件的具体情况相符合，否则在其后的 ERC 检查或仿真过程中，可能会产生各种各样的错误。

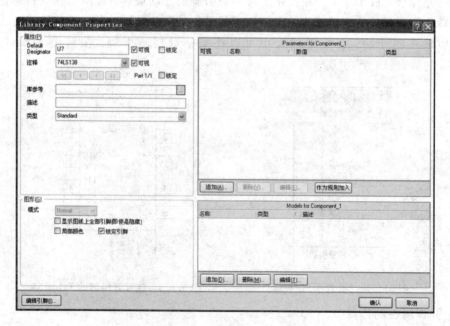

图 5.5.10　元件属性设置对话框

5.5.4 练习

新建一个元件库，库名为"我的库.SCHLIB"，在该库中创建元件 SN74LS78AD，该元件共包含 14 个引脚，其中 1、2、3、5、6、7、10、11、14 为输入引脚，8、9、12、13 为输出引脚，4 和 11 为电源引脚，见图 5.5.11。

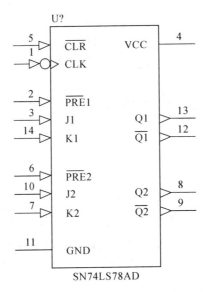

图 5.5.11 元件 SN74LS78AD 引脚图

5.6 红外遥控信号转发器电路的设计

教学目标

(1) 理解层次原理图的概念，掌握顶层电路图和子图之间的结构关系以及切换关系；

(2) 掌握使用自底向上和自顶向下的方法绘制层次原理图；

(3) 掌握端口、图形端口、方块图在层次原理图中的使用。

教学建议

根据项目特点，采用教师演示、学员练习、课堂讨论等多种方法组织教学。

在设计电路原理图的过程中，有时会遇到电路比较复杂的情况，用一张电路原理图来绘制显得比较困难，此时可以采用层次电路来简化电路图。

层次电路就是将一个较为复杂的电路原理图分成若干个模块，而且每个模块还可以再分成几个基本模块。各个基本模块可以由工作组成员分工完成，这样就能够大大地提高设计的效率。

5.6.1 项目要求

图 5.6.1 是一张红外遥控信号转发器电路图，要求使用层次电路的设计方法来简化电路，将电路分为两个模块"电路图 1.SCHDOC"和"电路图 2.SCHDOC"，要求从图中虚线处分开。

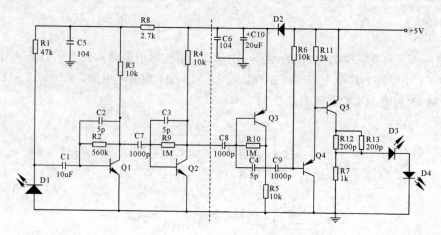

图 5.6.1　红外遥控信号转发器

5.6.2　任务解析

层次电路图设计方法为绘制庞大的电路图提供了方便，可以根据要求将一个大的原理图分解为若干个部分，然后按照层次原理图的设计方法自顶向下，或是自底向上绘制完成。

子电路图之间的关系可以通过端口来实现，也可以通过网络标号来实现。层次电路图不但可以是两层结构，也可以是多层结构，即在一个子电路图中还可以包含方块，该方块也对应一个更小的电路图。

当采用自底向上方法设计时，各子电路图完成后，顶层电路图能够自动生成，其中包含的端口数量和其所对应的子电路图是对应的。当采用自顶向下方法设计时，先绘制顶层电路图，然后由顶层电路图中的每个方块自动生成包含若干个端口的子电路图。

5.6.3　执行步骤

1. 自底向上设计

1）新建项目文件

新建一个设计项目和两个原理图文件，分别保存为"红外遥控信号转发器. PrjPCB"和"电路图 1. SCHDOC"、"电路图 2. SCHDOC"。

2）绘制"电路图 1"

在文件面板中，双击"电路图1. SCHDOC"，打开其所对应的图纸，在其中绘制如图5.6.2所示的电路图，也就是"红外遥控信号转发器"电路图中虚线的左侧部分。

3）绘制"电路图 2"

在文件面板中，双击"电路图 2. SCHDOC"，打开其所对应的图纸，在其中绘制如图5.6.3所示

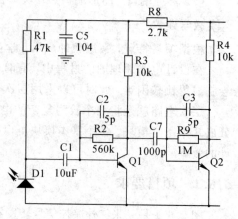

图 5.6.2　电路图 1

的电路图，也就是"红外遥控信号转发器"电路图中虚线的右侧部分。

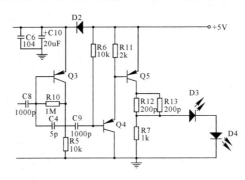

图 5.6.3　电路图 2

4）添加端口

"电路图 1.SCHDOC"和"电路图 2.SCHDOC"是由一张完整的电路图分成两块的。那么这两张图纸之间有什么联系呢？通过比较图 5.6.1、图 5.6.2、图 5.6.3 可以得知，"电路图 1.SCHDOC"和"电路图 2.SCHDOC"之间是通过三根导线相连接的。在层次电路图中，子电路图之间的联系可以通过端口来表示。

端口的使用方法：单击配线工具栏上的端口按钮 D⟩，然后将鼠标移动到图纸上的合适位置，单击确定端口的左起始位置，移动鼠标到右端点处，单击确定端口的右侧位置。如果需要修改端口的属性，可以双击放置好的端口，在打开的属性对话框中设置端口的对齐方式、文字颜色、端口的长度、端口的填充色、端口的边缘色、端口的名称以及端口的 I/O 属性、端口的风格和位置。【端口属性】对话框各项的含义如图 5.6.4 所示。

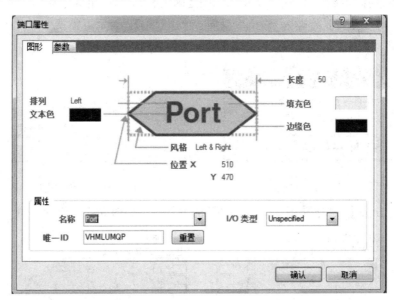

图 5.6.4　【端口属性】对话框

参照如上使用方法，在"电路图 1.SCHDOC"和"电路图 2.SCHDOC"中分别添加端口，如图 5.6.5 和 5.6.6 所示。

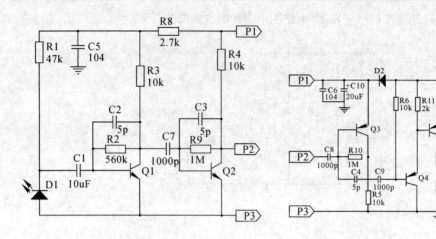

图 5.6.5　电路图 1　　　　　　　　图 5.6.6　电路图 2

电路图 1 中的三个端口 P1、P2、P3 的 I/O 属性都是输出(output)，长度为 30；电路图 2 中的三个端口 P1、P2、P3 的 I/O 属性都是输入(input)，长度都为 30。

5) 生成顶层电路图

虽然电路图 1 和电路图 2 中具有相同的端口，但是两张图之间还没有建立联系。所以需要新建一张顶层电路图，在顶层电路图中体现电路图 1 和电路图 2 之间的关系。

执行【文件】→【创建】→【原理图】，在"红外遥控信号转发器.PrjPCB"项目中添加了一个空白的原理图文件，然后将其保存为"顶层电路图.SCHDOC"。

双击打开"顶层电路图.SCHDOC"，执行菜单【设计】→【根据图纸建立图纸符号】，在弹出的对话框中选择"电路图 1.SCHDOC"，单击【确定】后，将弹出一个如图 5.6.7 所示的对话框，提示用户是否需要将输入/输出口反向，单击【No】，表示不需要。将生成如图 5.6.8 所示的方块图。

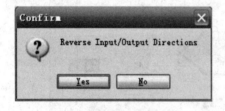

图 5.6.7　确认对话框

图 5.6.8　方块图 1

按照上述方法生成"电路图 2.SCHDOC"的方块图，如图 5.6.9 所示。

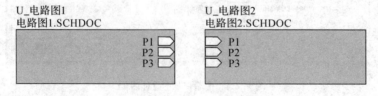

图 5.6.9　方块图 1 和方块图 2

此时代表"电路图 1.SCHDOC"和"电路图 2.SCHDOC"的两个方块之间还没有连接关

系，而实际上，两个电路图之间是通过端口 P1、P2、P3 对应相连接的。所以使用导线将这三个端口对应连接起来。连接后的效果如图 5.6.10 所示。

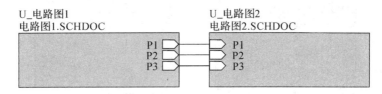

图 5.6.10　连接后的方块图

至此，由图 5.6.1 所分解而成的层次电路图已经绘制完毕，保存所有文件即可。下面我们可以切换来观察层次电路图之间的对应关系。

打开"顶层电路图.SCHDOC"，单击主菜单栏中的层次原理图切换按钮，如图 5.6.11 所示。鼠标将变成十字形，然后将鼠标移动到电路图 1 所对应的方块上，单击鼠标左键后，将打开该方块所对应的子原理图，即"电路图1.SCHDOC"。

图 5.6.11　层次原理图切换工具

如果要从子原理图"电路图 1.SCHDOC"切换回到顶层电路图，只需要在"电路图 1.SCHDOC"中的某一个端口上单击鼠标左键，即可回到顶层电路图。

上述方法是先画子电路图，然后由子电路图生成顶层电路图中的方块，称为自底向上设计方法。另外有一种方法，是先绘制好顶层的方块电路图，然后生成各方块所对应的子电路图，称为自顶向下设计层次原理图。

结合以上的例题"红外遥控信号转发器"，下面讲述自顶向下设计层次电路图的方法。

2．自顶向下设计

1）新建设计项目和原理图文件

新建一个设计项目和原理图设计文件，分别保存为"红外遥控信号转发器.PrjPCB"和"顶层电路图.SCHDOC"。

2）绘制顶层电路图

在"顶层电路图.SCHDOC"中绘制方块，因为需要把图 5.6.1 分解为两个子电路图，这两个子电路图之间通过三个端口相连接。所以需要在顶层电路图中绘制方块，而且还要反映两个方块之间的连接关系。

在配线工具栏上单击"放置图纸符号"工具按钮 ![]，将鼠标移动到图纸上合适的位置单击确定方块的左上角点，然后移动到右下角某处单击确定右下角点，方块即绘制完毕。双击方块图，在弹出的属性对话框中，将【标志符】设置为"电路图 1"，将【文件名】设置为"电路图 1.SCHDOC"。标志符表示方块的名字，而文件名表示该方块所对应的子电路图的名字。设置完毕，方块"电路图 1"如图 5.6.12 所示。

图 5.6.12　方块图 1

按照如上方法绘制电路图 2 所对应的方块，绘制完毕如图 5.6.13 所示。

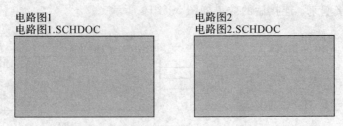

图 5.6.13　方块图 1 和方块图 2

由于两个电路图之间是通过三个端口实现的，所以需要在方块"电路图 1"和"电路图 2"上放置端口，表示连接关系。

在配线工具栏上单击"放置图纸入口"工具按钮，然后将鼠标移动到方块"电路图 1"中，第一次单击确定端口在方块处于上下左右哪一侧，第二次单击确定端口的具体位置。放置好，双击端口，修改属性。"电路图 1"中三个端口的属性是输出端口（output），名称分别为 P1、P2、、P3。"电路图 2"中三个端口的属性是输入端口（input），名称分别为 P1、P2、P3。然后用导线对应将 P1、P2、P3 连接起来，如图 5.6.14 所示。

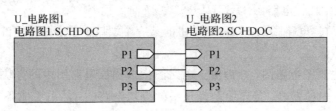

图 5.6.14　连线完毕的方块图

3）生成子电路图

执行菜单【设计】→【根据符号生成图纸】，光标将变成十字形，将鼠标移动到方块"电路图 1"上，单击鼠标左键后，系统将弹出一个对话框，单击【No】，随即将生成方块"电路图 1"所对应的子电路图纸，图纸上有三个端口，也就是根据方块"电路图 1"所自动产生的三个端口，名字和数量都是和方块中的端口是对应的，如图 5.6.15 所示。

在电路图 1 中绘制 5.6.1 中虚线的左侧部分，需要注意的是，端口已经自动生成，绘制好元件后，只需要把端口移动到合适的位置即可，如图 5.6.16 所示。

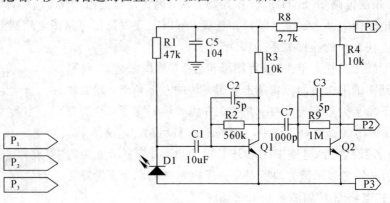

图 5.6.15　自动生成的端口　　　　　　　图 5.6.16　子电路图 1

按照上述方法，自动生成方块 2 所对应的"电路图 2.SCHDOC"的图纸，然后在其中根据图 5.6.1 绘制右侧部分，如图 5.6.17 所示。

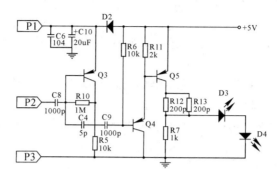

图 5.6.17 子电路图 2

绘制完毕后，可以通过层次原理图切换按钮来验证层次原理图之间的对应关系。

5.6.4 练习

采用"自顶向下"或"自底向上"的方法将图 5.6.18 分解为两个子原理图。分解方法根据图中的虚线来操作。

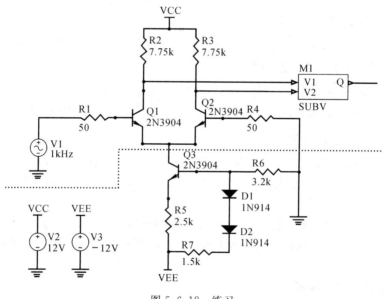

图 5.6.18 练习

5.7 电池充电器电路 PCB 设计

➡ 教学目标

（1）了解印制电路板设计的一般原则；

（2）掌握印制电路板自动设计的一般步骤；

（3）了解印制电路板的种类和结构；

（4）理解 Protel DXP 2004 编辑器中层面的概念；

（5）掌握熟悉自动布局的方法；

（6）掌握对电路进行自动布线的方法。

教学建议

以项目为引导，PCB 设计为载体，采用教师演示、学员练习、课堂讨论等多种方法组织教学。

本项目基于常见的电子设备电池充电器的设计与应用，随着经济的飞速发展，电池的应用已经越来越广泛。电池充电器在日常生活中经常用到，但其电路并不为人熟悉。本项目结合实际应用，使我们更好地了解电池充电器的原理，熟悉其电路并绘制其原理图，设计出相应 PCB 板。

5.7.1 项目要求

本次任务主要是熟练印制电路板的尺寸标注、PCB 元件的封装形式；熟悉印制电路中的自动布局、自动布线；能够对 PCB 设计规则检查及错误修改；完成整个充电电路的 PCB 板设计。

5.7.2 执行步骤

1. 创建项目文件与原理图文件

启动 Protel DXP 2004，创建一个项目文件，命名为"项目 5.PrjPCB"，在此项目下创建一个原理图文件，命名为"充电电路.SCHDOC"，并绘制原理图。

2. 创建 PCB 文件

在项目文件下创建一个 PCB 编辑文件，命名为"充电电路.PCB"并保存。

3. 原理图网络表的创建

网络表：主要记载了原理图中各元件的数据（流水号、元件类型与封装信息）以及元件之间网络连接的数据。网络表是 DXP 的原理图所产生的各类报表中最重要的一个。原理图与 PCB 的关系就要靠网络表来建立。

由原理图产生网络表时，使用的是逻辑连通性原则，而非物理连通性。也就是说，只要是通过网络标号所连接的网络就被视为有效连接，而并不需要真正的由连线将网络各端点实际地连接在一起。

产生网络表具体步骤如下：

（1）在打开了该项目中的原理图的情况下，执行菜单命令【设计】→【文档的网络表】→【Protel】。

注意：一定要在打开了一个原理图的情况下才行，因为 Design 这个菜单中的相关命令，只有在原理图环境下才会出现。这个时候系统会自动将原理图的网络关系进行计算，并在项目中新建一个＊.NET 文件，将结果保存其中。

（2）在项目中找到＊.NET 文件，打开它就可以看到此项目中所有原理图的网络表了。

4. 定义 PCB 的形状及尺寸

若不是利用 PCB 向导来创建一个 PCB，就要自己定义 PCB 形状及尺寸，实际上就是在 Keep out Layer(禁止布线层)上绘制出一个封闭的多边形(一般情况下绘制成一个矩形），多边形的内部即为布局的区域。一般根据原理图中的元器件数目、大小和分布来进行绘制。所绘多边形的大小一般都可以看做实际印制电路板的大小。

PCB 形状和尺寸定义的操作步骤如下：

（1）将光标移至编辑区下面工作层标签上的 Keep out Layer（禁止布线层），单击鼠标左键，将禁止布线层设置为当前工作层。

（2）单击实用工具栏上的直线按钮，也可以执行【放置】→【直线】命令或先后按下 P、L 键。在编辑区中适当位置单击鼠标左键，开始绘制第一条边。

（3）移动光标到合适位置，单击鼠标左键，完成第一条边的绘制。依次绘线，最后绘制封闭的多边形，如图 5.7.1 所示。

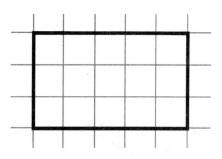

图 5.7.1　电路板的形状

（4）单击鼠标右键或按下 Esc 键取消布线状态。

要想知道定义的电路板的大小是否合适，可以查看 PCB 的大小。方法是：执行【报告】→【PCB 板信息…】命令，弹出板图信息选单，如图 5.7.2 所示。也可以先后按下 R 和 B 键。

执行上述操作之后，将调出如图 5.7.3 所示的印制电路板信息对话框，在对话框的右边有一个矩形尺寸示意图，所标注的数值就是实际 PCB 的大小（即布局范围的大小）。如果发现设置的布局范围不合适，可以移动整条走线、移动走线端点等方法进行调整。

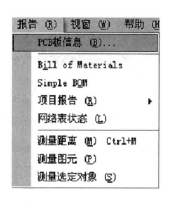

图 5.7.2　板图信息选单

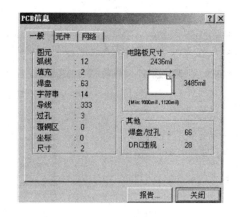

图 5.7.3　【PCB 信息】对话框

5．网络与元器件的载入

在 Protel DXP 2004 中采用双向同步设计，即在载入元器件封装和网络表时既可以通过在原理图编辑器中更新 PCB 编辑器中的电路板设计，也可以在 PCB 编辑器中载入原理图设计更新后的结果。因此，网络表和元器件封装的载入方法有利用原理图设计同步器载入网络表和元器件封装，利用 PCB 设计同步器载入网络表和元器件封装两种方法。采用这两种方法载入网络表和元器件封装的过程中，都不用关心网络表的具体内容，也不用生成网络表，从而简化了载入网路表的过程。

1) 在原理图编辑器中载入网络表和元器件

（1）在原理图编辑器中执行菜单命令【设计】→【Update PCB】（更新 PCB 设计），即可弹出如图 5.7.4 所示的【工程变化订单（ECO）】对话框。

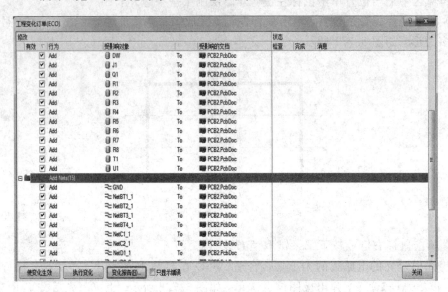

图 5.7.4 【工程变化订单（ECO）】对话框

（2）验证变更有效。单击【使变化生效】按钮执行验证变更命令，图 5.7.4 所示对话框变为如图 5.7.5 所示。在状态栏的检查中可以看到一列✓，该图标表示载入的元器件和网络表是正确的。

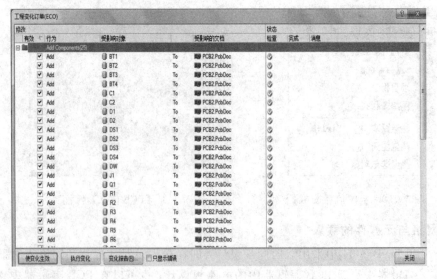

图 5.7.5 设计工程使变化生效后效果

（3）生成变更明细表。单击【变化报告…】按钮执行生成变更明细表命令，即可弹出【报告预览】对话框，如图 5.7.6 所示，该对话框包含了本次变更的详细资料。

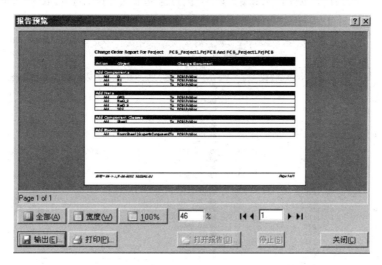

图 5.7.6 【报告预览】对话框

（4）执行变更。单击【执行变化】按钮执行变更操作，即可将网络表和元器件载入 PCB 文件中，执行过程中设计工程变更对话框如图 5.7.7 所示。在状态栏的完成项一列的 ✅ 标识表示该项变更被成功执行了。

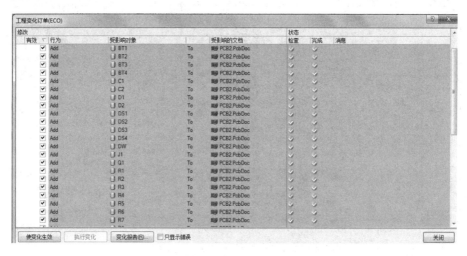

图 5.7.7 执行变化后的效果

（5）单击【关闭】按钮，关闭对话框，相应的网络表和元器件封装已经载入到 PCB 编辑器中，结果如图 5.7.8 所示。

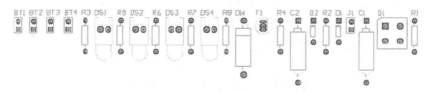

图 5.7.8 装入元器件封装效果图

2）在 PCB 编辑器中载入网络表和元器件

（1）打开 PCB 文件以激活 PCB 编辑器，执行菜单命令【设计】→【Import Changes From *.PRJPCB】（从设计工程导入设计变更），即可弹出图 5.7.9 所示对话框。

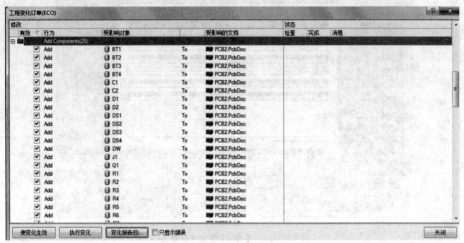

图 5.7.9 【工程变化订单（ECO）】（设计工程变更）对话框

（2）执行验证变更操作，如图 5.7.10 所示。

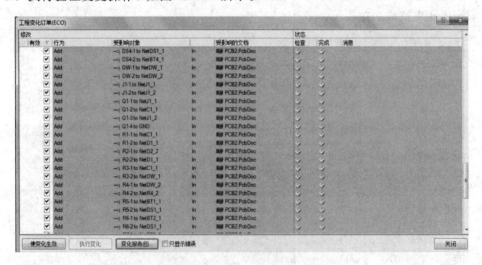

图 5.7.10 执行验证变更效果图

（3）执行变更命令，即可完成载入网络表和元器件的操作，结果如图 5.7.11 所示。

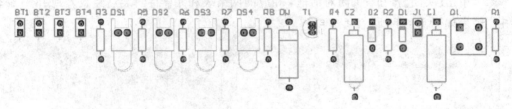

图 5.7.11 装入元器件封装效果图

6. 放置印制板的尺寸标注

1）尺寸标注的放置

放置尺寸标注有 3 种操作方法：

（1）执行菜单命令【放置】→【尺寸】→【尺寸标注】。

（2）单击放置工具栏中的 ∅ 按钮。

（3）在键盘上依次击键 P、D、D。

启动命令后，光标变成十字形状，并且光标上带着两个相对的箭头，将鼠标移到合适位置，单击鼠标左键确定标注的起点。然后再移动光标，此时尺寸标注拉开。移到合适位置后单击鼠标左键，确定标注的终点，如图 5.7.12 所示。

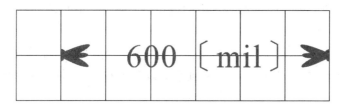

图 5.7.12　放置尺寸标注

2）尺寸标注的属性设置

在放置尺寸标注时按 Tab 键，或在电路板上双击尺寸标注，即可打开如图 5.7.13 所示的【尺寸标注】设置对话框。在对话框中，尺寸标注区域的内容和设置方法与前面其他设置方法相同，这里不再重复，在图形区域中的几项介绍如下：

（1）【开始】设置尺寸标注开始的 X/Y 轴坐标。

（2）【结束】设置尺寸标注结束的 X/Y 轴坐标。

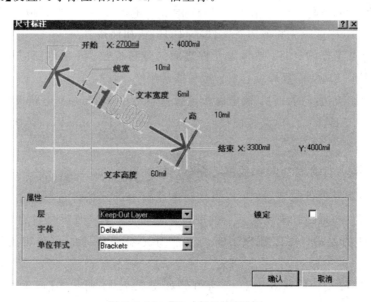

图 5.7.13　【尺寸标注】对话框

（3）【线宽】设置尺寸标注线的宽度尺寸。

（4）【文本宽度】设置尺寸标注字符线的宽度。

（5）【文本高度】设置尺寸标注字符线的高度。

（6）【高】设置尺寸标注界线的高度。

7. 对印制电路进行自动布局

考虑 PCB 尺寸大小，在确定 PCB 尺寸后，再确定特殊元件的位置。最后，根据电路的功能单元，对电路的全部元件进行布局。

1）在确定特殊元件的位置时要遵守的原则

（1）尽可能缩短高频元件之间的连线，设法减少它们的分布参数和相互间的电磁干扰。

（2）某些元件或导线之间可能有较高的电位差，应加大它们之间的距离，以免放电引出意外短路。

（3）重量超过 15 g 的元件，应当用支架加以固定，然后焊接。那些又大又重、发热量多的元件，不宜装在印制板上，而应装在整机的机箱底板上，且应考虑散热问题。热敏元件应远离发热元件。

（4）对于电位器、可调电感线圈、可变电容器、微动开关等可调元件的布局应考虑整机的结构要求。若是机内调节，应放在印制板上方便于调节的地方；若是机外调节，其位置要与调节旋钮在机箱面板上的位置相适应。

（5）应留出印制板的定位孔和固定支架所占用的位置。

2）根据电路的功能单元对电路的全部元件进行布局时，要符合的原则

（1）按照电路的流程安排各个功能电路单元的位置，使布局便于信号流通，并使信号尽可能保持一致的方向。

（2）以每个功能电路的核心元件为中心，围绕它来进行布局。元件应均匀、整齐、紧凑地排列在 PCB 上，尽量减少和缩短各元件之间的引线和连接。

（3）在高频下工作的电路，要考虑元件之间的分布参数。一般电路应尽可能使元件平行排列。这样不但美观，而且焊接容易，易于批量生产。

（4）位于电路板边缘的元件，离电路板边缘一般不小于 2 mm。电路板的最佳形状为矩形，长宽比为 3∶2 或 4∶3。电路板面尺寸大于 200 mm×150 mm 时，应考虑电路板所受的机械强度。

3）印制电路进行自动布局的步骤

载入网络表和元器件封装后，可以直接对电路板上的元器件进行自动布局，此时可以采用默认的元器件布局设计规则对元器件进行自动布局。为了使元器件自动布局的结果更能满足电路设计的要求，可以在自动布局之前对元器件布局的一些相关设计规则进行设置。

执行菜单命令【设计】→【规则】，即可打开如图 5.7.14 所示的【PCB 规则和约束编辑器】对话框。

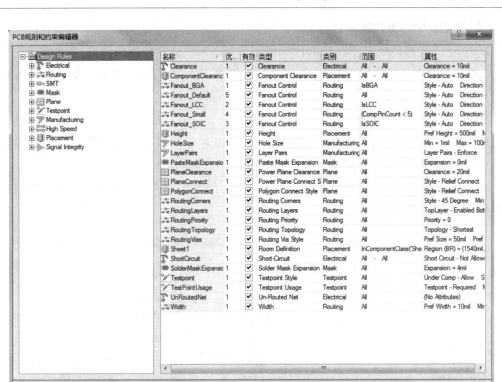

图 5.7.14　【PCB 规则和约束编辑器】对话框

（1）设置元器件安全间距。

在元器件布局设计规则设置对话框左侧列表中，单击【Placement】→【Component Clearance】→【Component Clearance】（元器件安全间距），该对话框变成如图 5.7.15 所示。

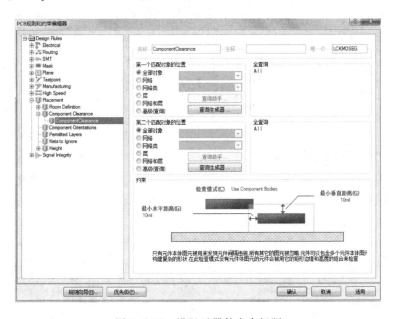

图 5.7.15　设置元器件安全间距

（2）设置元器件方位约束。

在图 5.7.15 对话框左侧的 Component Orientations（元器件方位约束）栏上单击鼠标右键，在弹出的菜单上选择【新键规则...】选项，如图 5.7.16 所示。添加一个元器件方位约束的规则，然后再双击该新添加的设计规则，即可进入如图 5.7.17 所示的对话框。

在图 5.7.17 对话框的【允许的定位】栏选中【全方位】，如图 5.7.18 所示，将元器件方位约束设置为任意角度，单击【确认】按钮，退出该对话框即可完成设置。系统出现如图 5.7.19所示的画面，该图为元器件封装自动布局完成后的状态。

可以观察到自动布局后的效果并不是很理想，所以应进一步进行手工调整，调整后的图形如图 5.7.20 所示。

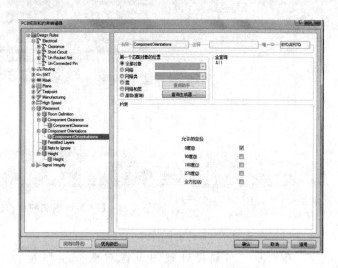

图 5.7.16　添加新的元器件防卫约束规则　　　　图 5.7.17　设置元器件方位约束

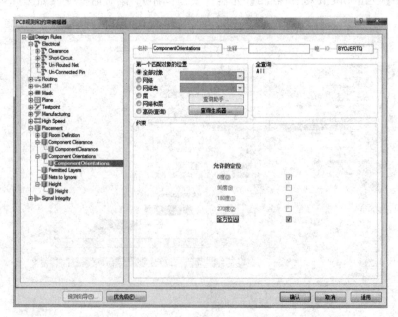

图 5.7.18　设置方位约束的结果

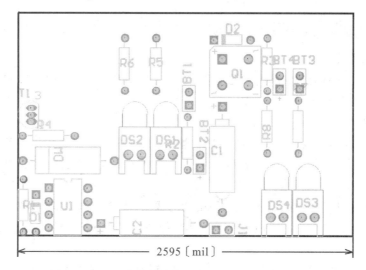

图 5.7.19　元器件封装自动布局完成后的效果图

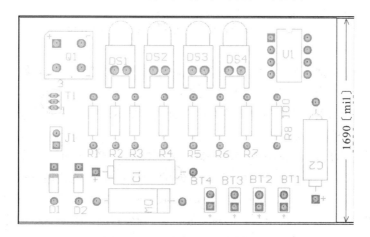

图 5.7.20　手动调整后的效果图

8. 印制电路进行自动布线

1）PCB 设计应该遵循的原则

（1）输入和输出端的导线应尽量避免相邻平行。

（2）印制板导线的最小宽度主要由导线与绝缘基板间的黏附强度和流过它们的电流值决定。对于集成电路，尤其是数字电路，导线宽度通常选 0.2～0.3 mm。当然，只要允许，还是尽可能用较宽的线，尤其是电源线和地线。导线的最小间距主要由最坏情况下的线间绝缘电阻和击穿电压决定。对于集成电路，尤其是数字电路，只要工艺允许，可使间距小于 5～8 mm。

（3）印制板导线拐弯一般取圆弧形，而直角或夹角在高频电路中会影响电气性能。此外，尽量避免使用大面积铜箔，否则，长时间受热时，易发生铜箔膨胀和脱落现象。必须用大面积铜箔时，最好用栅格状，这样有利于排除铜箔与基板间黏合剂受热产生的挥发性气体。

（4）焊盘中心孔要比元件引线直径稍大一些。焊盘太大易形成虚焊。焊盘外径 D 一般不小于（d＋1.2）mm，其中 d 为引线孔径。对高密度的数字电路，焊盘最小直径可取

$(d+1.0)$ mm。

2）印制电路板电路的抗干扰措施

（1）电源线设计。

尽量加粗电源线宽度，减少环路电阻。同时，使电源线、地线的走向和数据传递的方向一致，这样有助于增强抗噪声能力。

（2）地线设计。

① 数字地与模拟地分开。低频电路的地应尽量采用单点并联接地，实际布线有困难时可部分串联后再并联接地。高频电路宜采用多点串联接地，地线应短而粗，高频元件周围尽量用栅格状的大面积铜箔。

② 接地线应尽量加粗。若接地线用很细的线条，则接地电位随电流的变化而变化，使抗噪声性能降低。因此应将接地线加粗，使它能通过三倍于印制板上的允许电流。如有可能，接地线应在 $2\sim3$ mm 以上。

③ 只由数字电路组成的印制板，其接地电路构成闭环能提高抗噪声能力。

（3）去耦电容配置。

① 电源输入端跨接 $10\sim100$ μF 的电解电容器。如有可能，接 100 μF 以上的电解电容器更好。

② 原则上每个集成电路芯片都应布置一个 0.01 pF 的瓷片电容，如遇印制板空隙不够，可每 $4\sim8$ 个芯片布置一个 $1\sim10$ pF 的钽电容。

③ 对于抗噪能力弱、关断时电源变化大的元件，如 RAM、ROM 存储元件，应在芯片的电源线和地线之间接入去耦电容。

④ 电容引线不能太长，尤其是高频旁路电容不能有引线。此外应注意以下两点：

第一，在印制板中有接触器、继电器、按钮等元件时，操作它们时均会产生较大火花放电，必须采用 RC 电路来吸收放电电流。一般 R 取 $1\sim2$ kΩ，C 取 $2.2\sim47$ μF。

第二，CMOS 的输入阻抗很高，且易受感应，因此在使用时对不使用的端口要接地或接正电源。

3）各元件之间的接线

（1）印制电路中不允许有交叉电路，对于可能交叉的线条，可以用"钻"、"绕"两种办法解决。

（2）同一级电路的接地点应尽量靠近，并且本级电路的电源滤波电容也应接在该级接地点上。

（3）总地线必须严格按高频—中频—低频逐级按弱电到强电的顺序排列原则，切不可随便翻来覆去乱接。

（4）在使用 IC 座的场合下，一定要特别注意 IC 座上定位槽放置的方位是否正确，并注意各个 IC 脚位置是否正确。

（5）在对进出接线端布置时，相关联的两引线端的距离不要太大，一般为 $0.2\sim0.3$ in 较合适。进出接线端尽可能集中在 $1\sim2$ 个侧，不要过于分散。

在本次项目中，采用默认布线规则和默认布线策略，打开 PCB 文件，执行菜单命令【自动布线】→【全部对象】，即可进入如图 5.7.21 所示的【Situs 布线策略】对话框。在对话框中单击【Route All】按钮即可选中默认的双层板布线策略。自动布线的结果如图 5.7.22 所示。如果对自动布线结果不满意，可以执行菜单命令【工具】→【取消布线】→【全部对象】，即可以撤销所有已完成的布线。

图 5.7.21　自动布线策略选择对话框

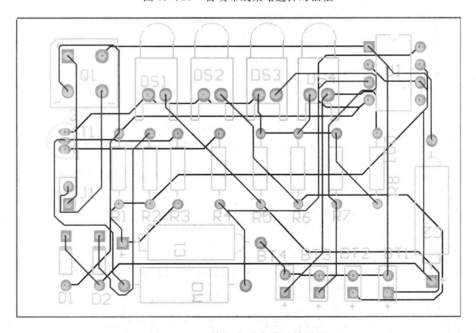

图 5.7.22　执行自动布线后效果图

9. 印制电路的电气检查

电路板设计完成后，设计者应当对电路板进行设计规则检验(Design Rules Check，简称 DRC)，以确保电路板上所有的网络连接正确无误，并符合电路板设计规则和设计者的要求。

DRC 设计规则校验可以分为两种形式：在线式 DRC 校验(Online)和批处理式 DRC 校验(Batch)。在线式 DRC 校验主要运用在电路板的设计过程中，如果电路板上有违反设计规则的操作，系统将会使违反规则的图件变成绿色以提醒用户。而且当前的操作也不能继续进行。批处理 DRC 校验主要运用在电路板设计完成后，对整个电路板进行一次全面的设计规则检验，凡是与电路板设计规则冲突的设计也会变成绿色。

在执行 DRC 设计校验之前，设计者必须对设计校验项目进行设置。一般电路设计都要求对以下几项进行 DRC 设计校验。

(1)【Clearance】：安全间距限制设计规则校验。

(2)【Width】：导线宽度限制设计规则校验。

(3)【Short-Circuit】：短路限制设计规则校验。

(4)【Un-Routed Net】：未布线网络限制设计规则校验。

这些校验项目与电路板上的设计规则具有一一对应关系，所以与设计规则冲突的项目都会被检查出来。

印制电路板设计校验项目设置的方法如下：

(1) 执行菜单命令【工具】→【设计规则检查】，即可进入如图 5.7.23 所示的【设计规则校验器】对话框。

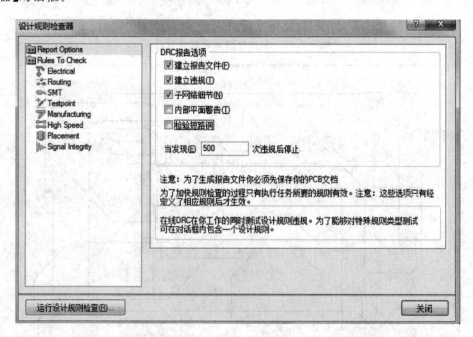

图 5.7.23 【设计规则校验器】对话框

(2) 在图 5.7.23 对话框中左侧列表栏中选中【Report Options】(报告文件)选项，然后在右侧面板上选中以下 3 项：【建立报告文件】、【建立违规】和【自网络细节】，并设置当设计规则的冲突数目超过"500"时，系统将自动中止停止校验。

（3）在图 5.7.23 对话框中左侧列表栏中选中【Electrical】（电气规则）选项，然后在右侧面板上选中以下 3 个选项的"批处理"项：【Clearance】、【Short-Circuit】和【Un-Routed Net】，如图5.7.24所示。

图 5.7.24　设置电气校验规则

（4）在图 5.7.24 对话框中左侧列表栏中选中【Routing】（布线规则）选项，然后在右侧面板上选中【Width】选项的"批处理"项，如图 5.7.25 所示。完成上述设计校验项目的设置后，单击【运行设计规则检查…】按钮，系统将执行 DRC 设计规则校验，生成设计规则校验报表文件。系统将自动切换到报表文件窗口。

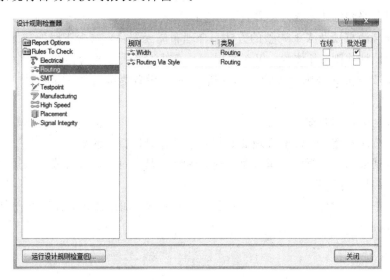

图 5.7.25　设置布线校验规则

由于我们的布线采用系统默认的方式，所以与布线规则没有冲突，也就无错误产生，经校验检查后，产生的报告如图 5.7.26 所示。

```
Protel Design System Design Rule Check
PCB File : \DXP12.7\PCB1.PcbDoc
Date     : 2013/2/6
Time     : 11:50:07

Processing Rule : Hole Size Constraint (Min=1mil) (Max=100mil) (All)
Rule Violations :0

Processing Rule : Height Constraint (Min=0mil) (Max=1000mil) (Prefered=500mil) (All)
Rule Violations :0

Processing Rule : Width Constraint (Min=10mil) (Max=10mil) (Preferred=10mil) (All)
Rule Violations :0

Processing Rule : Clearance Constraint (Gap=10mil) (All),(All)
Rule Violations :0

Processing Rule : Broken-Net Constraint ( (All) )
Rule Violations :0

Processing Rule : Short-Circuit Constraint (Allowed=No) (All),(All)
Rule Violations :0


Violations Detected : 0
Time Elapsed        : 00:00:00
```

图 5.7.26　DRC 检查后报告

至此，PCB 板全部绘制完毕。

5.7.3　练习

打开"单管共射放大电路"项目及原理图，执行相关菜单，生成此电路图的网络表文件。

（1）新建一个 PCB 文件，并改名为 PCB1。

（2）在 Keep Out Layer 层上，绘制电路板的边框，大小为 80 mm×50 mm，边框线的宽度选择为 0.3 mm。

（3）调用电路网络表，导入元器件。

（4）通过自动布局及人工调整的方法，合理布局元器件，减少飞线的交叉。

（5）设置设计规则，具体为：仅在底层水平布线，走线方式为任意，间距限制规则设置为 0.25 mm；拐弯方式规则设置为 45°；铜膜线宽度设置为电源线和地线为 0.8 mm，其他为 0.25 mm。

（6）执行全板自动布线。

（7）手工布线调整，修改不合理的布线，并对焊盘进行泪滴处理。

（8）给印制板加上敷铜，敷铜与地相连，敷铜和焊点间的环绕形式为八边形，敷铜网线形式为 45°，并且去除死铜。

（9）进行布线规则检查，生成检查报告，若有错误，加以改正，直至检查完全正确。

（10）存盘退出。

参 考 文 献

[1] 杨拴科，赵进全. 模拟电子技术基础[M]. 2 版. 北京：高等教育出版社，2010.

[2] 张克农，宁改娣，赵进全，等. 数字电子技术基础[M]. 2 版. 北京：高等教育出版社，2010.

[3] 王廷才. Protel DXP 应用教程[M]. 北京：机械工业出版社，2004.

[4] 谷树忠，闫胜利. Protel 2004 实用教程[M]. 北京：电子工业出版社，2005.

[5] 刘瑞新. Protel DXP 实用教程[M]. 北京：机械工业出版社，2003.